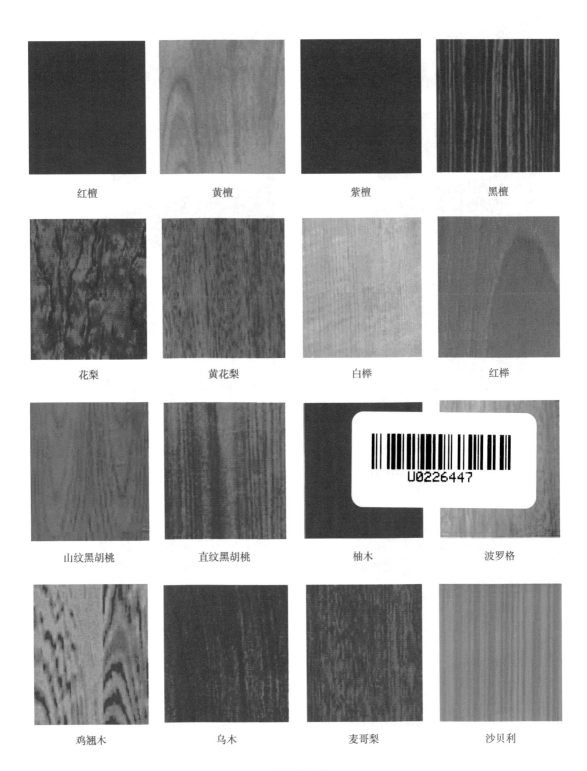

红檀	黄檀	紫檀	黑檀
花梨	黄花梨	白榉	红榉
山纹黑胡桃	直纹黑胡桃	柚木	波罗格
鸡翅木	乌木	麦哥梨	沙贝利

U0226447

人造胶合板

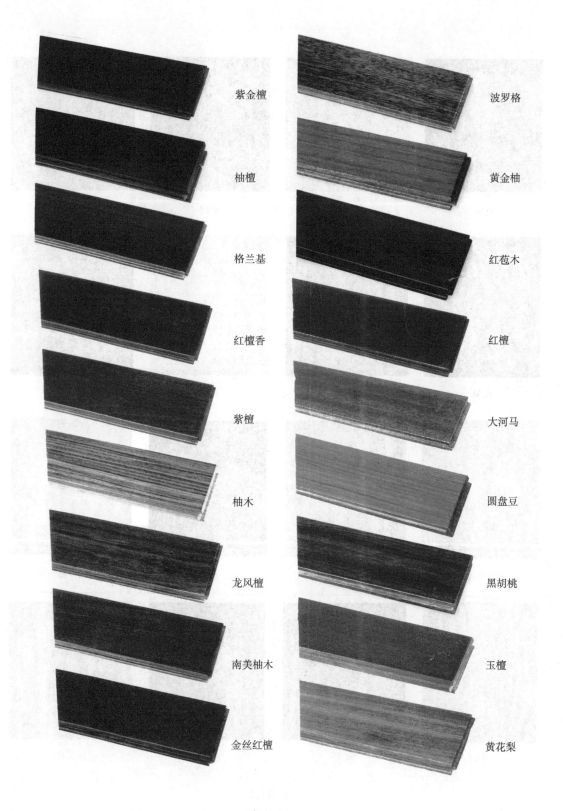

紫金檀　　　　　波罗格

柚檀　　　　　黄金柚

格兰基　　　　　红苞木

红檀香　　　　　红檀

紫檀　　　　　大河马

柚木　　　　　圆盘豆

龙凤檀　　　　　黑胡桃

南美柚木　　　　　玉檀

金丝红檀　　　　　黄花梨

实木地板

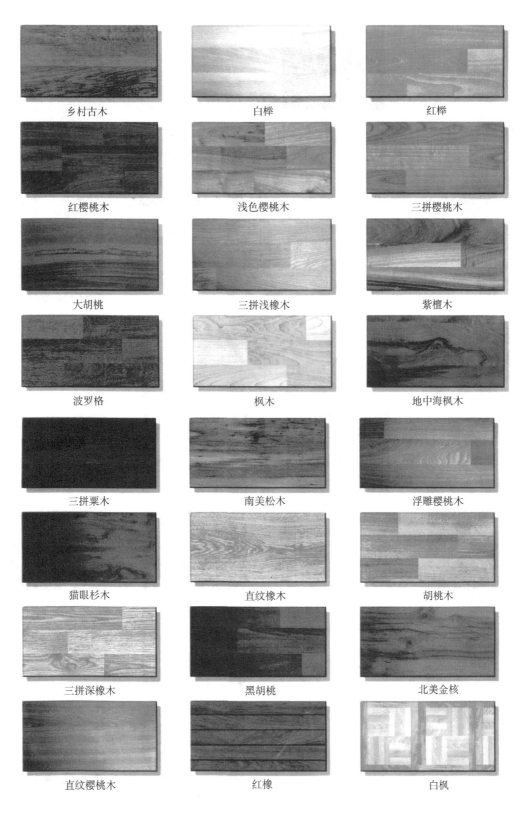

乡村古木	白榉	红榉
红樱桃木	浅色樱桃木	三拼樱桃木
大胡桃	三拼浅橡木	紫檀木
波罗格	枫木	地中海枫木
三拼栗木	南美松木	浮雕樱桃木
猫眼杉木	直纹橡木	胡桃木
三拼深橡木	黑胡桃	北美金核
直纹樱桃木	红橡	白枫

实木复合地板

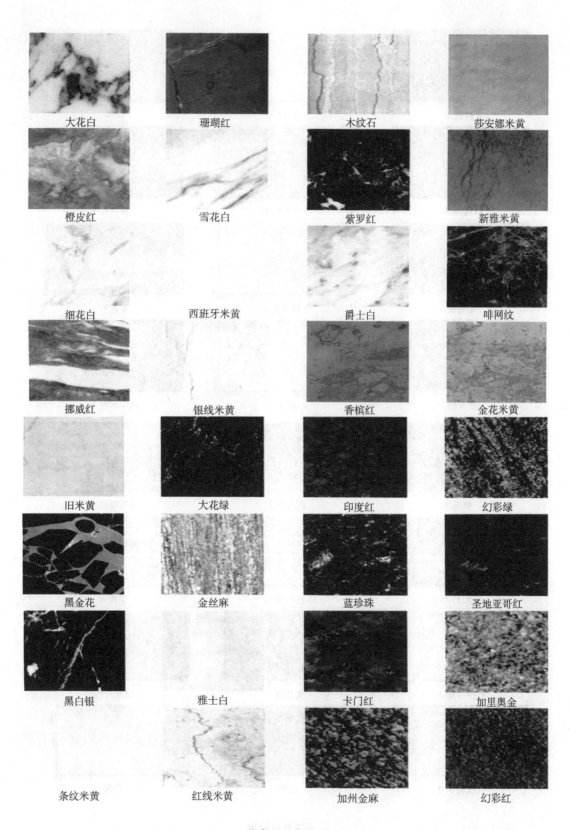

大花白	珊瑚红	木纹石	莎安娜米黄
橙皮红	雪花白	紫罗红	新雅米黄
细花白	西班牙米黄	爵士白	啡网纹
挪威红	银线米黄	香槟红	金花米黄
旧米黄	大花绿	印度红	幻彩绿
黑金花	金丝麻	蓝珍珠	圣地亚哥红
黑白银	雅士白	卡门红	加里奥金
条纹米黄	红线米黄	加州金麻	幻彩红

花岗石、大理石

异形石材

地砖

地砖

纸面石膏板

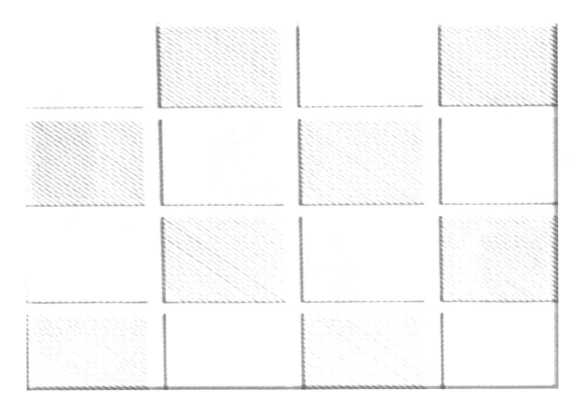

装饰石膏板

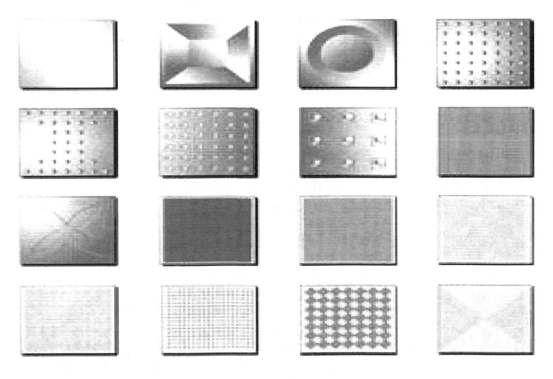

铝天花板

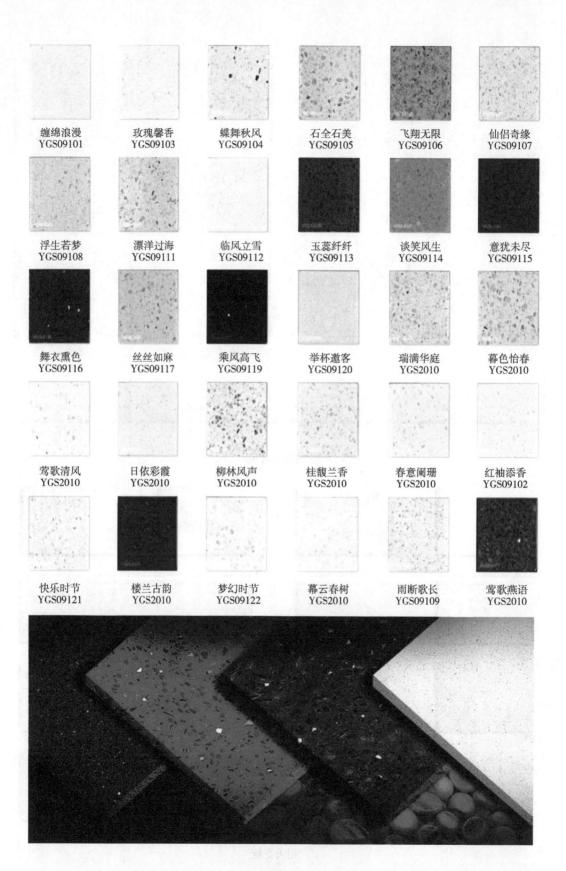

缠绵浪漫 YGS09101	玫瑰馨香 YGS09103	蝶舞秋风 YGS09104	石全石美 YGS09105	飞翔无限 YGS09106	仙侣奇缘 YGS09107
浮生若梦 YGS09108	漂洋过海 YGS09111	临风立雪 YGS09112	玉蕊纤纤 YGS09113	谈笑风生 YGS09114	意犹未尽 YGS09115
舞衣熏色 YGS09116	丝丝如麻 YGS09117	乘风高飞 YGS09119	举杯邀客 YGS09120	瑞满华庭 YGS2010	暮色怡春 YGS2010
莺歌清风 YGS2010	日依彩霞 YGS2010	柳林风声 YGS2010	桂馥兰香 YGS2010	春意阑珊 YGS2010	红袖添香 YGS09102
快乐时节 YGS09121	楼兰古韵 YGS2010	梦幻时节 YGS09122	幕云春树 YGS2010	雨断歌长 YGS09109	莺歌燕语 YGS2010

石英石

卷材地毯

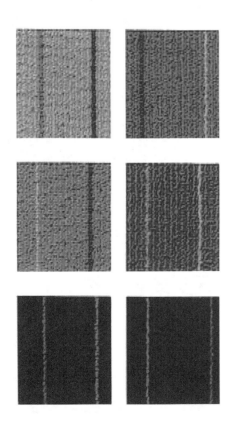

块状地毯

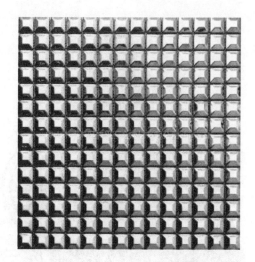

玻璃马赛克

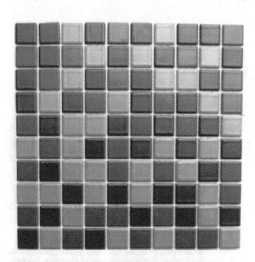

陶瓷马赛克

藤艺 　　　　　　　　　　　　　　　　文化石

大理石柱

花岗岩外墙

内墙面砖

外墙面砖

纸面石膏板吊顶

装饰石膏板吊顶

隐框式玻璃幕墙　　　　　　　　明框式玻璃幕墙

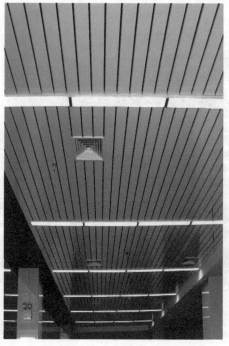

铝塑板外墙　　　　　　　　　　铝扣板吊顶

玻璃砖隔墙

玻璃旋转楼梯

外墙涂料

玻璃旋转门

窗帘

高等职业教育"十三五"系列教材
普通高等教育"十一五"国家级规划教材

建筑装饰装修材料与应用

第 2 版

闻荣土　编

机械工业出版社

全书共分 12 章，全面介绍了建筑装饰装修材料的基本概念、名称、特征、应用范围、质量标准等知识。本书主要内容包括绪论、材料的基本性质、木材制品与应用、石材制品与应用、建筑陶瓷制品与应用、玻璃制品与应用、塑料制品与应用、涂料与应用、金属制品与应用、石膏制品与应用、装饰织物与应用、水泥与应用。本书内容精炼、概念清楚、简明实用。

本书可作为高职高专室内设计技术、环境艺术设计等专业的教学用书，也可作为建筑装饰装修行业专业技术人员及爱好者的参考书。

为方便教学，本书配有电子课件，凡使用本书作为教材的教师可登录机工教育服务网 www.cmpedu.com 注册下载。咨询电话：010-88379375。

图书在版编目（CIP）数据

建筑装饰装修材料与应用/闻荣土编 . —2 版 . —北京：机械工业出版社，2015.9（2024.7 重印）
高等职业教育"十三五"系列教材　普通高等教育"十一五"国家级规划教材
ISBN 978-7-111-51128-1

Ⅰ.①建…　Ⅱ.①闻…　Ⅲ.①建筑材料—装饰材料—高等职业教育—教材　Ⅳ.①TU56

中国版本图书馆 CIP 数据核字（2015）第 184638 号

机械工业出版社（北京市百万庄大街 22 号　邮政编码 100037）
策划编辑：常金锋　责任编辑：常金锋
责任校对：杜雨霏　封面设计：路恩中
责任印制：单爱军
北京虎彩文化传播有限公司印刷
2024 年 7 月第 2 版第 6 次印刷
184mm×260mm · 12 印张 · 8 插页 · 318 千字
标准书号：ISBN 978-7-111-51128-1
定价：34.00 元

电话服务　　　　　　　　　网络服务
客服电话：010-88361066　　机 工 官 网：www.cmpbook.com
　　　　　010-88379833　　机 工 官 博：weibo.com/cmp1952
　　　　　010-68326294　　金 书 网：www.golden-book.com
封底无防伪标均为盗版　　机工教育服务网：www.cmpedu.com

第 2 版前言

本书自 2007 年出版以来，因其内容精炼、概念清楚、简明实用，深受高职学院室内设计、环境艺术设计等专业教师的广泛欢迎，已成为专业教学的主要参考书之一。为满足教学需要，对原版内容作了局部修订，现予以再版。

本书按照教育部关于高职学院室内设计和环境艺术设计专业教学计划和课程教学大纲的要求编写，主要目标是培养在我国建筑装饰装修行业中，既具有一定的专业理论知识，又有较强实际动手能力的应用型高级技术人才。

建筑装饰装修材料是建筑装饰装修的主要物质基础，要创造满足人们多形式、多层次、多风格的要求，充分体现个性化、人性化的建筑空间环境，主要就是通过建筑装饰装修材料的质感、纹理、色彩等来实现其各种风格的装饰效果及不同条件的使用功能。各类不同的建筑装饰装修材料具有各种不同的特性、应用范围、应用方式和质量标准。只有了解、熟悉、掌握了建筑装饰装修材料的这些基本知识，才能根据不同的建筑工程类别、建筑装饰装修部位和使用条件，合理选择不同的建筑装饰装修材料，以达到理想的建筑装饰装修效果。

本书在编写过程中注重基本理论、生产实际和市场信息相结合，并且结合作者多年的建筑装饰装修设计、施工管理及教学经验，着重叙述了目前常用的各类建筑装饰装修材料的制品与应用。

本书采用了国家现行的有关建筑装饰装修行业的标准、规定和规范。

本书内容难免有不妥之处，敬请指正。

编　者

目 录
CONTENTS

第1章 绪 论

学习目标：通过本章内容的学习，了解建筑装饰装修的基本概念，熟悉建筑装饰装修材料的作用和选用方法，掌握建筑装饰装修材料的应用方式和范围，提高对建筑装饰装修材料的设计应用能力。

建筑装饰装修是一门集建筑、结构、材料、施工、人体工程、工艺美术、园林绿化、社会、心理等知识的综合性学科。

随着现代化建设事业的不断发展和生活水平的日益提高，人们越来越注重追求"布局合理、使用舒适、造型美观"的生活、工作、休闲空间，以使身心得到满足、情绪得到调节、心智得到发挥，而建筑装饰装修正是满足人们这种需求的有效手段。通过建筑装饰装修，人们能够创造高品质的生活空间、高品位的精神空间、高效能的功能空间。

建筑装饰装修是建筑装饰、建筑装修、建筑装潢的总称。建筑装修主要是指为了满足建筑使用功能而需进行必要的构件设置、基层处理等工程内容，如建筑物内楼梯护手、栏杆、隔断、门、窗及配件等的设置，带龙骨的隔墙、吊顶、地板等的施工安装；建筑装潢一词的本意是指裱糊；而建筑装饰主要是为了满足视觉效果而对建筑构件表面进行处理的艺术手段。德国的法郎兹·萨勒斯梅尔曾对装饰下过如此定义："装饰就是利用能使物体美观的各种要素之方法以及过程"。

综合建筑装饰装修的概念，一般包括以下四方面的内容：

其一，建筑装饰装修是技术和艺术的结合体。建筑装饰装修首先要遵循各种技术条件原则，如在满足建筑使用功能要求的同时，不能任意改动或损坏建筑结构，以保证建筑室内平面及高度的尺寸合理；建筑装饰装修所用材料的质量应符合国家有关标准、规定；同时建筑装饰装修又是以美化建筑为目的的造型艺术，即建筑装饰装修工程的内容和表现形式几乎涉及了所有的造型艺术形式，并广泛地应用到建筑物的各个构件、各种实体中。

其二，建筑装饰装修是对建筑室内空间环境的再创造。马克思说："空间是一切生产和人类活动所需要的要素"。建筑空间是建筑功能的集中体现，是人们生活、学习、工作、娱乐、休闲的场所。建筑设计主要是设计建筑物的总体和综合关系，包括对建筑物各房间的平面位置和尺寸的确定，各楼层的高度和房屋的总高、门窗位置、走道、楼梯等的合理安排等，而建筑装饰装修则深化了建筑设计，通过对建筑室内空间进行合理的组合，运用各类建筑装饰装修材料的质感、纹理、色彩等艺术效果，改善室内采光、通风、隔热、保温、空气质量等物理条件，使建筑空间环境得到再创造，使之真正成为人们寄托情感，追求、实现愿望的境地。

其三，建筑装饰装修是随着社会生产力的发展而发展的，并受到各个国家不同的生活方式、文化思想、风俗习惯、宗教信仰及地理位置、气候条件等的限制。古代建筑装饰装修手法的主要特点是使建筑造型在庄严中不失纤细的效果，无论是古埃及的厚重宏伟、古希腊的典雅优美、古罗马的稳健雄壮、中国古建筑的敦厚规整，都充分体现了当时各国不同时期的社会风尚。现代建筑则由于科学技术的进步，尤其是建筑装饰装修材料的迅速发展，极大地满足了各种不同建筑功能的要求以及人们追求各种不同生活方式和空间环境的需要，使建筑真正成为了"凝固的音乐"、"立体的画"、"石头写成的史书"。

其四，建筑装饰装修的主要物质基础是建筑装饰装修材料。各种装饰装修设计手段满足了人们多形式、多层次、多风格的需求，充分体现了个性化、人性化。建筑空间环境正是通过各类建筑装饰装修材料的合理运用来体现其装饰效果的。不同的建筑装饰装修材料品种具有不同的特性、应用范围、操作方式和质量标准，只有了解、熟悉、掌握了建筑装饰装修材料的这些基本知识，才能根据建筑工程类别、装饰部位和使用条件，合理选择建筑装饰装修材料，以达到理想的装饰效果。

1.1 建筑装饰装修材料的发展

1. 从品种少、档次低向多品种、多规格、高档次发展

建筑装饰装修材料的发展在我国很长一段历史时期趋于缓慢，一直到20世纪80年代才真正起步。现今，我国的建筑装饰装修行业得到了蓬勃发展。

20世纪80年代初，我国的建筑装饰装修行业刚进入初始阶段，当时的建筑装饰装修材料品种非常少，而且档次很低，其建筑装饰装修做法主要有以下两种类型。

第一类主要是利用水泥、砂子、石子等建筑材料，经人工混合搅拌后成为砂浆，涂抹在建筑物表面（抹灰），然后再经过人工处理使其表面达到一定的装饰效果。

（1）斩假石——将水泥石屑浆抹在建筑物表面的水泥砂浆基层，待其凝结硬化、具有一定强度后，用斧子、錾子等工具在其面层剁斩出类似石材经雕琢后的纹理效果（图1-1）。

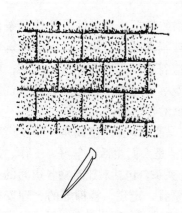

图 1-1 斩假石效果示意图

（2）水刷石——将水泥、砂子、石子等加水拌和后抹在建筑物表面，待初凝后用硬毛刷蘸水洗刷，或用喷枪清水冲洗，冲刷掉抹灰层表面的水泥浆而半露出石子，使其具有石料

朴实的质感效果。

（3）干粘石——将水泥砂浆抹于建筑物表面，然后把小石子甩在抹灰面上，经拍实压平，小石子半露，使其具有与水刷石同等的装饰效果。

（4）拉假石——用锯条或锯齿形厚铁皮钉于木板做成的抓耙，挠刮建筑物的水泥砂浆表面，使其形成条纹石效果。

（5）水磨石——将水泥、砂子、石子等加水拌和后铺贴于地面（用玻璃或铜条分隔），待凝结并达到一定强度后，用磨石子机进行磨平、磨光，使其表面产生石子质感效果。

由于上述做法工艺陈旧，施工强度大，耗时、耗工、耗材，容易积灰，因此现已很少采用。

第二类为我国初始生产的建筑装饰装修材料，其品种及规格比较单一。如当时的居室装饰装修材料及做法为：地面常用水泥砂浆或在水泥砂浆面上涂刷黄色或红色油漆；墙面、顶面主要是涂刷石灰水或 106 水性涂料（聚乙烯醇水玻璃内墙涂料、聚乙烯醇缩甲醛内墙涂料或以硝化纤维素为主的树脂，以二甲苯为主溶剂的 O/W 多彩内墙涂料等现已列为淘汰产品），不耐擦洗，使用效果差；厨房、卫生间地面为薄质片状形陶瓷马赛克，墙面采用的是单一规格的 152mm × 152mm 白色面砖等。除此以外，市场上没有其他更多、更好的建筑装饰装修材料产品。

随着科学技术的不断进步和社会生产力的迅速发展，现代建筑装饰装修材料已具有多品种、多规格、高档次的特点。到目前为止，我国建筑装饰装修材料已达 100 多个种类、5000多个花色品种，完全可以满足各类建筑，各个阶层，各种生活、生产、服务方式的装饰需求。

我国现代建筑装饰装修材料的生产主要以提高产品的质量、档次为核心，开发无毒、阻燃、防火、保温、节能、环保等多规格、多品种的新型建筑装饰装修材料。

现代室内建筑装饰装修的主要特点为：实用、美观、舒适、和谐、统一。如宽敞、明亮的居室客厅常用的是亮丽、耐磨、防滑、大规格的玻化地砖，卧室地面铺设的是具有各种天然纹理效果，弹韧性好，使用舒适的实木地板，白色乳胶漆墙、顶面使室内空间显得更整洁、开阔、延伸；至于宾馆、大厦、大楼等公共建筑的外墙或大厅大量采用的是高档、华丽的花岗岩或大理石，使建筑物显得更加坚实、美观，金属或玻璃幕墙更把建筑物打扮得绚丽多彩。

2. 从功能单一向多功能、高性能发展

现代建筑装饰装修材料除了满足一定的实用功能外，还兼有其他多种功能。如木地板不但具有强度高，弹韧性好，装饰性强的优点，而且由于木材固有的特征，还有吸湿、消声、调节温度等作用；玻璃幕墙不但对建筑物起围护作用，还能改善室内光线、隔热、防紫外线、节能等，是一种多功能的外墙装饰材料；石膏装饰板不仅满足了分隔室内空间的作用，还具有防火、隔热、吸声的功能。

由于纳米技术成为 21 世纪新工业革命的主导技术，因此，由纳米技术生产的高质量、高性能的装饰装修材料的出现将会推动装饰装修行业更快地发展。

3. 从天然材料向人工复合材料发展

自古以来，天然材料（如石材、木材、真皮、漆料等）一直是房屋建筑的主要装饰装修材料，我国众多的雄伟壮丽、金碧辉煌的古建筑，如北京故宫、西藏布达拉宫等就是其中的典范。随着现代科学技术的不断进步，新工艺、新设备、新产品不断涌现，高分子材料更是得到迅猛发展，人造大理石、人造皮革、化纤地毯、化纤布料、高分子涂料及木制人造板、强化地板、铝塑板等人工复合材料得到大量应用，不但控制和减少了对国家重要生产资源的开采和利用，而且又满足了建筑空间的使用功能和美观要求，同时价格低廉，安装方便，充分显示出其强大的生命力。

4. 从手工制作向工业化生产发展

过去的建筑装饰装修施工方式大多为现场手工作业，如木工需用锤子、锯子、斧子、錾子等工具现场制作门窗、家具等，劳动强度大，施工时间长，成本高，且表面粗糙不平整，质量又难以保证；而现代建筑装饰装修施工大多是机械化、工业化生产或制作，如木工现在用的是电锯、电刨、电动冲击钻、冲板机、切割机等机械设备，现场施工作业又快又好。装饰装修材料很多都是工厂制作生产的成品或半成品，不但花色品种多，价格低廉，而且质量可靠，安装方便，如地面材料过去常用水泥砂浆或现浇水磨石，现在可用花岗石、地砖、地毯铺设；墙面材料过去常用水泥砂浆或油漆，现在可用墙纸、面砖、装饰板等；吊顶过去都是现场制作，现在有各种成品的装饰板及配套的龙骨，安装方便，结构可靠。

5. 从普通材料向绿色、环保产品发展

近年来，随着我国人民群众物质生活水平的提高，室内装饰装修行业得到迅速发展。同时，装饰装修材料引起的室内环境污染对人体健康的影响也越来越受到社会的重视和关注。目前已检测到的有毒有害物质达数百种，常见的也有 10 种以上，其中绝大部分为有机物，另外还有氨、氡气等。这些有毒有害物质在污染居室空气的同时，不同程度地危害了人体健康，甚至危及生命。2005 年世界卫生组织发布的《室内空气污染与健康》报告显示，全世界每年由于室内空气污染造成肺炎、慢性呼吸道疾病、肺癌的死亡人数达到 160 万，即每 20s 有 1 人死亡。在通风不良的住所，室内环境污染比室外空气高 100 倍。因此，在进行装饰装修时，绿色材料、环保产品是人们的首选。

绿色材料是指在原料、产品制造，应用过程和使用以后的再生循环利用等环节中对地球环境负荷最小和对人类身体健康无害的材料。为了预防和控制建筑装饰装修材料产生的室内环境污染，保障公众健康，维护公共利益，国家有关部门专门制定和颁布了建筑装饰装修材料有害物质限量（《室内装饰装修材料　人造板及其制品中甲醛释放限量》、《室内装饰装修材料　溶剂型木器涂料中有害物质限量》、《室内装饰装修材料　内墙涂料中有害物质限量》、《室内装饰装修材料　胶粘剂中有害物质限量》、《室内装饰装修材料　木家具中有害物质限量》、《室内装饰装修材料　壁纸中有害物质限量》、《室内装饰装修材料　聚氯乙烯卷材地板中有害物质限量》、《室内装饰装修材料　地毯、地毯衬垫及地毯用胶粘剂中有害物质限量》、《室内装饰装修材料　混凝土外加剂中释放氨限量》、《建筑材料放射性核素限量》）的 10 项强制性标准，为保护人们的身体和身心健康构筑了屏障，从而也促使普通的装饰装修材料向绿色、环保产品发展。

1.2 建筑装饰装修材料的作用

创造良好的生活和工作环境，除了需要合理的平面布局、实用的生活设施、优美的空间造型外，室内装饰效果主要由建筑装饰装修材料本身具有的功能、质感、色彩等来体现其装饰的作用。

1.2.1 建筑装饰装修材料的功能

功能即使用要求，不同品种的建筑装饰装修材料具有不同的使用功能，从而满足不同的装饰要求。

外墙是建筑物的重要组成部分，其不仅要承受房屋的荷载，还起着对建筑物的围护作用，并且隔绝自然环境中风、雨、雪、冰冻等对建筑物的影响，保持一定的安全性和耐久性。因此，覆盖在外墙面上的建筑装饰装修材料有效地保护了外墙建筑构件，使其避免遭受自然界不利因素的影响，从而大大延长了建筑物的使用年限，同时又弥补和改善了墙体建筑材料使用功能的不足。如玻璃幕墙因具有较好的热反射能力而使外墙起到"冷房效应"；外墙花岗石饰面不但具有独特的装饰效果，而且又对室内起到保温、隔热、隔声作用。

建筑物室内的楼地面、内墙面、顶面等是组成室内空间的主要建筑构件，必须保证在一定的使用年限内不受损坏。因此，覆盖在室内各个建筑面的装饰装修材料也同样有效地保护了室内建筑构件表面不受损坏，从而延长了使用年限，同时又使室内环境条件得到改善，功能更合理，使用更舒适。如地面铺设木地板、地毯等，能使室内起到保温、隔热、弹韧性好及隔声、吸声作用；卫生间铺地砖、面砖，可以使室内更亮丽、整洁，清洗更方便。

1.2.2 建筑装饰装修材料的质感

质感是指各种装饰装修材料（天然或人工制作）不同质地形态所产生的感观效果。材料质感如图 1-2 所示。充分地利用建筑装饰装修材料的质感是达到建筑装饰装修效果的主要手段。

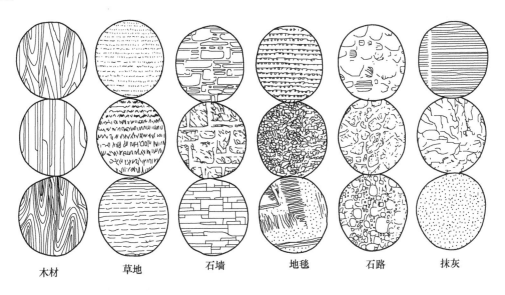

| 木材 | 草地 | 石墙 | 地毯 | 石路 | 抹灰 |

图 1-2　材料质感表现图

1. 材料及做法的质感影响

质感取决于所用的材料以及做法。因此，对于相同的材料，采用不同的做法，可以取得完全不同的质感效果。而对于完全不同的材料，采用不同的加工过程，也可以获得相同的质感效果。在建筑装饰装修工程中，追求某种既定的效果，不必局限于非要使用某种特定的材料，应充分发挥装饰工艺的能动作用，使装饰效果向期望的方向进行转化。

2. 质感的对比与衬托

在建筑装饰装修中，不同的部位选择不同的材料，采取不同的施工做法，以此求得质感上的对比与衬托，从而更好地体现建筑装饰风格，或强调某些装饰处理上的意图。质感的丰富与贫乏、质地的粗犷与细腻，都只是在比较中存在、在对比中得到体现的。当然，这并不是说，在任何情况下都不可以采用单一的做法或单一的质感。如外墙装饰就是利用墙面与窗洞的相互关系，突出地强调了虚与实（窗安装在墙洞中间，即窗虚墙实）、粗与细（墙面材料为石材、窗为铝合金或塑料）的对比，表现出在特定的结构、材料的限制条件下，建筑装饰装修的艺术效果。

3. 肌理的影响

肌理包括尺度、纹理、线型三个方面。

（1）尺度　尺度指材料的规格尺寸。不同品种的建筑装饰装修材料具有不同的规格尺寸，不同的建筑构件和建筑空间应选择不同规格的建筑装饰装修材料，合理的尺寸材料才能与建筑空间达到自然、协调的装饰效果。选择建筑装饰装修材料形体的一般方法为：材料的规格应与装饰面成正比，地面材料宜选择正方形规格，墙面材料应选择长方形规格，正方形规格能真实反映室内空间的大小，长方形（或线形）规格能延伸或缩短室内空间。如公共建筑大厅地面的铺设应采用大规格的材料（600mm×600mm～800mm×800mm的石材或地砖）；由于居室客厅地面的面积相对较小，其材料（石材或地砖）规格不能超过600mm×600mm；厨房、卫生间由于房间更小，一般应选择小规格的材料（300mm×300mm地砖）。

（2）纹理　纹理指建筑装饰装修材料具有的各种天然（或人工仿制）纹样或图案。在建筑装饰装修中，应充分利用材料的纹样、图案及底色等装饰效果，展现其真实、朴素、淡雅、自然、华丽、凝重、高贵等各种装饰风格。

（3）线型　线型在某种程度上应将其视作建筑装饰装修整体质感的一部分。但必须注意的是，在各种现制饰面的做法中，线型的深度受到面层厚度的限制，因此，一般不能形成强烈的光影，而必须借助于色彩、材料的变换等加以区别。如果要想获得较好的光影装饰效果，则应采用预制线型（即成品或半成品装饰线条）的材料，或带有凹凸线型的覆面材料。

4. 距离和面积的质感影响

进行建筑装饰装修必须考虑到当距离、面积不同时，视觉效果的变化。这是因为建筑不同于其他艺术品，其体量及展开面积较大，并且人对建筑的观赏是在运动中进行的。随着视觉的流动，人的视野、视界及辨认程度均会产生一系列的变化。因此，即使所用的材料相同、做法相同，但距离、面积不同时，所产生的视感也会有所不同。如浮雕涂料近距离观看，应用的面积比较小时，有较明显的立体装饰效果；但当大面积应用，远距离观看时，则与一般的普通涂料相差无几。距离效应对材料质感的要求不同，外墙材料规格可大一些，表面可粗犷一点，内墙材料质地应细腻、逼真一点。

5. 材料质感的心理联想作用

建筑装饰装修材料的质感能让人在心理上产生联想，这种心理诱发作用是非常明显和强烈的。如光滑、细腻的材料，富有优美、雅致的感情基调，但同时也给人一种冷漠、傲然的心理感觉；金属使人产生坚硬、沉重、寒冷的感觉，而皮毛、丝织品则使人想到柔软、轻盈和温暖；石材使人感到稳重、坚实和富有力度，而未加修饰的混凝土表面则容易使人产生粗野、草率的印象；砖的质朴、自然；布的柔软、轻盈；木的温和、宜人等，这些都是建筑装饰装修材料质感的心理联想效果。

成功的建筑装饰效果并不一定非要使用高档、贵重的建筑装饰装修材料，好的装饰并不是好材料的拼凑与堆砌。在建筑装饰装修的设计与施工中，必须正确地把握材料的性格特征，使材料的性格与建筑的特性相吻合，从而赋予材料生命。盲目追求高档材料，不但使得工程造价增加，并且由于材料的品种过多、质量要求过高，从而使得整个施工组织、施工过程相应复杂，技术要求相应提高。同时，还可能由于材料格调的降低，失去其艺术魅力。

6. 建筑本身的影响

在建筑装饰装修中，材料的选择、装饰效果的确定等，不能仅看某种材料本身或某种施工工艺方法本身的装饰效果，而必须结合具体建筑物的形式、体量、风格等因素来加以综合考虑。例如天然蘑菇石，其装饰效果粗犷雄浑、坚实有力，用在大体量的建筑装饰上，可获得较好的效果，但用在体量较小、造型比较纤细的建筑装饰中，则明显不协调。一般情况下，为充分显示线条的挺拔感，宜采用平滑细腻的材料。

1.2.3　建筑装饰装修材料的色彩

色彩是指各类建筑装饰装修材料（天然或人工仿制）的色相。色彩是调节人生理和心理情绪的主要因素，不同的色彩通过视觉给人以不同的感觉，它所表达的意境对人体产生的功能也不同。建筑装饰装修材料的色彩对装饰效果的影响很大，根据建筑功能的不同力求达到合理选用。如卧室应选用暖色，以增加室内的宁静感、温暖感；客厅可选用鲜亮、明快的颜色，给人一种清纯、亲切、开阔、舒畅的感觉。

1. 色彩的面积效应

在小面积使用材料看来是素雅的色彩，当在大面积的墙面上使用时，往往成为非常华丽的色彩。由于面积增大而使色彩显得更为艳丽，这种现象称作面积效应。在设计中，需避免因为色彩的面积效应而做出错误判断的方案，应在建筑物的大面积上使用低彩度的色彩，小面积上使用高彩度的色彩。

2. 色彩的相互照射作用

当两种色彩表面相对或处于垂直位置时，色彩表面之间的反射光线会产生互相照射。假如这两个色彩表面都是红色，就显得更加富有色彩性，而如果是白色和红色，便显示出红色指向白色的表面。这样的效果称作色彩的相互照射或互相映射。

色彩的相互照射在实质上是不同的色彩表面之间反射光线的互相映射作用。因此，这种作用具有强烈的指向倾向。通常情况下，较深的色彩指向较浅的色彩，较亮的色彩指向较暗的色彩，色彩面积较大的指向色彩面积较小的，暖色系色彩指向冷色系色彩，有彩色系色彩指向无彩色系的色彩等。

3. 色彩的视感作用

色彩的视感作用是指由于人对色彩的视觉而对物体产生的温度感、体量感、距离感、重量感。这些感觉似乎与色觉没有直接的关系，但从建筑装饰设计的角度考虑，却有很大的参考价值。

色彩的温度感觉包括"暖色"和"冷色"这两个概念。按孟塞尔标色体系来区分，红、黄红、黄等是"暖色"；绿、蓝绿、蓝是"冷色"；而黄绿则是中间色调，既非暖色，亦非冷色。红、橙、黄色使人联想到太阳和火而感到温暖；蓝、绿、紫罗兰色使人联想到大海、森林而感到凉爽。"暖色"使人感到热烈、兴奋；"冷色"使人感到清凉、宁静。色彩的温度感与色相、明度、彩度和光泽均有关。从彩度方面考虑，当彩度高时，暖色增加温暖感，冷色则增加寒冷感。从光泽方面考虑，光泽强时倾向于冷色，粗糙的表面则倾向于暖色。根据色彩的温度感原理，暖色和冷色可直接使房间感觉温暖或寒冷。因此，卧室应选择暖色，而朝北的卧室更应选择暖色。

色彩的距离感觉可由前进色和后退色来阐述。前进色是指显示出比实际位置接近的色彩；后退色是指显示出比实际位置远离的色彩。一般认为暖色是前进色，冷色是后退色，这也是与长期的联想结合在一起的。而关于明度的影响，主要是因朝光线的表面显得凸出，而背光的表面显得下凹的联想而来。

色彩的体量感觉可用膨胀色和收缩色来阐述。物体看上去显得大些的色彩是膨胀色，显得小些的色彩是收缩色。多数试验证明：色彩膨胀收缩量的变化范围大约是其物理量的4%。

色彩的重量感觉分为重色和轻色。物体看上去显得重些的色彩是重色，显得轻些的色彩是轻色。一般来说，重量感觉受到明度的支配，明度越低，越感觉量重。

4. 对色彩的喜好

对色彩的喜好，虽然可能在某一时期或某一地区表示出一些倾向，但总的来说受到不同民族、年龄、性别、人种、生理、生活环境等众多因素的影响，不能强求或千篇一律，应充分体现"个性化"的建筑装饰装修风格。

5. 色彩的联想与象征作用

当人们观看色彩时由这种色彩联想到过去的经验和知识，这种情况称作色彩的联想。人们通过色彩联想到的事物，也根据不同年龄、性别、人种、生理等得到不同的结果。

色彩的联想一般来说与生活有关系，特定的色彩常常意味着特定的内容，这种情况称作色彩的象征。色彩的象征通过历史、地理、宗教活动、制度、身份、风俗、习惯、意识等显示出来，不同的民族有不同的色彩象征。

在建筑装饰装修设计中，要注意色彩的联想与象征作用，根据建筑物的不同性质、建筑的不同部位及不同的建造目的而使用不同的色彩。

6. 色彩的情绪

色彩的情绪是指在色彩的情感作用下导致的感情效果，如柔和、沉重，华美、朴素，爽朗、抑郁等带有浓厚情感色彩的感觉。在建筑装饰装修设计上表现的色彩情绪是以色彩本身的性质所引起的感情而感染人的。当然，也不应过于夸大色彩的感情作用，因为它不是人的感情，而是物质对象的感情。

建筑空间是供人类生活、生产、活动的，是凝结人们情感、审美、追求、愿望的场所，应充分利用和发挥各类建筑装饰装修材料的功能、质感、色彩等装饰效果，设计营造出各种优良的空间环境，使建筑成为舒适、优美的空间环境艺术产品。

1.3 建筑装饰装修材料的选用

由于建筑装饰装修材料品种繁多，性能各异，因此必须综合分析各种因素，结合工程实际情况，合理选择建筑装饰装修材料。

1.3.1 材料品种与装饰装修的建筑类型和档次相结合

不同的建筑类型和装饰装修标准应选用不同品种的材料，并满足其耐久性、安全性、舒适性等的需要。如住宅是生活居住的场所，需要选择能营造温馨、舒适、简洁、安静环境的建筑装饰装修材料；公共建筑是大众活动场所，应选择耐磨、耐久、安全性好、装饰性强的建筑装饰装修材料。有的建筑物使用时间较短，如临时商业用房、暂租住房等，可选择耐久性较短的建筑装饰装修材料；有的建筑装饰使用时间较长，如纪念性建筑应选择耐久性较长的建筑装饰装修材料。

1.3.2 材料功能与装饰装修的环境相结合

建筑装饰装修材料由于受室内外环境影响（如自然界风、雨、雪、冰冻及承压、摩擦、洗刷、撞击等）受损、风化而降低使用功能，因此还必须根据不同的建筑部位选择具有不同功能的材料，以满足与装饰装修环境相适应的使用功能。室外环境应选用耐大气腐蚀、不易褪色、不易污染、不易风化、不易泛霜的建筑装饰装修材料；地面应选用防滑、耐磨、抗压强度较高、耐水性好、不易污染的建筑装饰装修材料；厨房、卫生间应选用防滑、耐磨、耐水性好、抗渗性好、不易发霉、易于擦洗的建筑装饰装修材料。

1.3.3 材料外观与装饰装修的效果相结合

建筑装饰装修材料的质感、形态、色彩、光泽、纹理等是体现装饰效果的主要因素。不同的设计风格应使用不同的建筑装饰装修材料，如要营造欧式风格，需选一些具有较庄重、粗犷效果的材料；若是田园风格，应选择木、竹、石等天然的建筑装饰装修材料。

装饰设计风格表现了不同时代的思潮与不同的地域特色，通过创作构思和表现，逐步发展成具有代表性的室内设计形式，并加以一定的艺术手段。它的语言往往与建筑、家具的风格紧密结合，或受相应时期的文学、绘画、音乐等艺术所体现的风格的影响。

1. 古典主义风格

古典主义风格是在室内设计的布置、线型、色调及家具、陈设、造型等方面运用传统的美学法则，使现代建筑装饰装修材料与结构塑造出规整、端庄、典雅、有高贵感的室内造型的一种设计潮流。它反映了现代人的怀旧情结和对传统的怀恋，使之重新身处历史环境的感觉，如中国的中式传统风格，西方传统风格中的罗马式、哥特式、文艺复兴式、巴洛克式等。古典主义风格给人以历史的延续和地域文脉的感受，它使室内环境突出了民族文化渊源的形象特征。

中式传统风格装饰融合了我国古代庄重和优雅的双重品质，用天然实木为材料而制成，以明、清时期家具形式为主要特征。家具表面颜色为深红色或红色与黑色相结合，对称轴线在室内布置中几乎成了不可变更的定式。雕花木线、格子门窗、匾额、书画、对联、太师椅、八仙桌、条案、隔屏，再在古柜中放置一些古董或青瓷花瓶，红木家具与粉白墙面互相衬托，构成了一种端庄典雅、古色古香、完美的中国传统室内装饰风格。

西方传统古典风格追求贵族情调，强调以华丽的装饰、浓烈的色彩、精美的造型达到雍容华贵的装饰效果。客厅顶部用大型的吊灯营造气氛，门窗上半部用石膏花线做成圆弧形，古典式的印花墙纸、地毯、窗帘、家具、门、窗及挂镜线全部漆成白色或其他浅色，用罗马柱和大门套来显示室内的豪华，用欧式壁炉和弯腿家具来衬托高贵，用大量的石膏花饰、复杂的灯饰艺术来表达细腻。墙面悬挂压花涂金镜框装饰的古典油画，桌上放几尊白色的经典石膏雕像，充分体现了其装饰风格。

2. 自然式风格

自然式风格又称乡土风格、田园风格、地方风格。它提倡追求自然、回归自然。美学推崇自然美，认为只有崇尚自然、结合自然，才能在当今高科技、高节奏的社会中使人们的生理与心理得到平衡。自然式风格主张用木料、织物、石材等天然材料，显示其本身的纹理，清新淡雅，力求表现悠闲、质朴、舒畅的情调，营造自然、高雅的室内氛围。

田园风格以寻找乡村情怀为目的，采用杉原木、白松、柳、毛竹、草编等天然材料作为主要的装饰装修材料，并把这些材料粗犷、逼真的材质效果不加修饰地裸露在外面，与不加粉刷的砖墙面互相交汇聚在一起，使人犹如置身于大自然的怀抱。室内藤柳家具造型拙朴，甚至带有原有的树皮，墙上挂着鱼叉、鱼网，蓝印布的窗帘和床罩，再把绿色植物、花、鸟引入室内，充分体现了典型的田园乡土气味。

3. 日式（和式）风格

日式（和式）风格主要是将佛教、禅宗的意念及茶道、日本文化融入了室内设计中，这种装饰风格较多地运用于起居室，其特点是既注重材料的质感效果，又讲究结构组成的合理性，运用天然材料制成屏风、帘帷、竹帘等来划分室内空间。清水浅木格式隔断、方格的顶棚、推拉隔板、木架式灯饰，地板上铺"榻榻米"，放上几个坐垫和日本式矮桌，手工绘制的日本风情构图的漆箱、器皿、木碗、瓷器，窗户一般用纸糊，轨道式木质推拉门，造型以直线为主，线条简洁，充分体现日式淡雅、简洁的装饰风格，给人以朴实无华，清新超脱之感。

4. 现代风格

现代风格是一种充分体现个性化、人性化，以简洁、明快、抽象为主要特色的装饰风格。现代风格采用新材料、新工艺，追求流行和时尚的感觉，运用简洁的艺术造型和利用建筑装饰装修材料的天然纹理，在布置手法上注重各种构件、物体、陈设之间的统一、和谐。

5. 抽象主义风格

为了突出新型材料及现代加工工艺的精密细致及光亮效果，室内往往大量采用镜面及平曲面玻璃、不锈钢、磨光的花岗石和大理石等作为饰面材料，并结合采用投射、折射等各类新型光源和灯具，在金属和镜面材料的烘托下，形成光彩照人、绚丽夺目的效果，在简洁明快的空间中展示现代材料和现代加工技术高精度的装饰效果。通过采用曲面或具有流动弧形的线型界面，以浓重的色彩，变幻莫测的光影，造型奇特的家具与设备，有时还以现代绘画或雕塑来烘托室内的环境气氛，力求运用不同的设计手法扩大有限的室内空间。

1.3.4 坚持经济、实用、耐久的基本建设方针

由于装饰装修工程费用占整个建筑工程投资的比例越来越大（约占 1/3～1/2），因此，合理选材，严格控制造价具有十分重要的意义。

高档、昂贵的建筑装饰装修材料并不一定能产生优美的装饰效果，只要合理配置，和谐运用，精心设计，认真施工，同样会达到美观、舒适、实用的装饰效果。因此，在不影响装饰效果和工程质量的前提下，应尽量采用优质价廉，工效高，安装简单，施工方便的建筑装饰装修材料，以便节约开支，降低工程费用。

1.3.5 控制室内空气污染，创造良好的室内空间环境

建筑空间环境是人们生活、工作、活动的场所，必须创造有益于健康的室内物理条件，以实践"以人为本"的现代建筑装饰装修设计的基本理念。

室内空气非放射性污染主要来源于各种人造木板、涂料、胶粘剂、处理剂等化学建材类建筑装饰装修材料产品，这些材料在常温下释放出许多有毒有害物质，从而造成空气污染；放射性污染主要来自于无机建筑装饰装修材料（如石材），还与工程地点的地质情况有关。

1. 建筑装饰装修污染物种类

（1）甲醛 甲醛是一种有强烈刺激性气味的无色、易溶的气体，可经人的呼吸道被吸收。当室内甲醛含量超过限制含量时，可引起咽喉不适或疼痛；浓度再高可引起恶心、呕吐、咳嗽、胸闷、气喘甚至肺气肿；高浓度的甲醛对人体的神经系统、免疫系统、肝功能等都有毒害，并有致畸形、致癌等危害。甲醛还对皮肤和粘膜有强烈的刺激作用而产生流泪、流涕，引起结膜炎、咽喉炎、哮喘、支气管炎等。

甲醛主要来源于用作室内装饰的胶合板、细木工板、中密度纤维板和刨花板等人造板、饰面人造板。目前生产人造板和饰面人造板使用的胶粘剂是以甲醛为主要成分的脲醛树脂，板材中残留的和未参与反应的甲醛会逐渐向周围环境释放，是形成室内空气中甲醛的主体；另外，用粘合木结构（如现场家具制作、门窗制作、粘贴墙布、墙纸等）所采用的不合格胶粘剂也会释放出甲醛；壁布、帷幕等经粘合、定形、阻燃处理后，可能会释放出甲醛；脲醛树脂泡沫塑料价格低廉，但作为室内保温、隔热、吸声材料时会持续释放出甲醛气体。

（2）苯 苯是一种无色、具有强烈的芳香气味、沸点低、易挥发、易燃的液体，甲苯、二甲苯属苯的同系物。苯对人体的危害是人在短时间内吸入高浓度甲苯、二甲苯时，可出现中枢神经系统麻醉，轻者头晕、头痛、恶心、胸闷、乏力、意识模糊，严重者可能昏迷甚至造成呼吸及循环系统衰竭而死亡；如果长期接触甲苯、二甲苯会引起慢性中毒，可能出现神经衰弱、过敏性皮炎湿疹、脱发、支气管炎等；有的还影响生育功能或致使胎儿畸形，甚至导致再生障碍性贫血，即白血病（血癌）。苯化合物已经被世界卫生组织确定为强烈致癌物质。

苯主要来源于溶剂型涂料（油漆）、防水材料或稀释剂，聚氨酯漆中含有毒性较大的甲苯二异氰酸酯。

（3）氨 氨是一种无色且具有强烈刺激性臭味的气体，比空气轻，有感觉。氨可以吸收人体皮肤组织中的水分，使组织蛋白变性，并使组织脂肪皂化，破坏细胞膜结构；氨

为碱性，其溶解度极高，容易对人体上呼吸道产生刺激和腐蚀作用，减弱人体对疾病的抵抗力；氨含量过高时，除腐蚀作用外，还可以通过三叉神经末梢的反射作用而引起心脏停搏和呼吸停止；氨通常以气体形式吸入人体，进入肺泡内的氨，少部分被二氧化碳中和，余下的被吸收至血液，与血红蛋白结合，破坏运氧功能；短期内吸入大量氨气后出现流泪、咽痛、声音嘶哑、咳嗽、痰带血丝、胸闷、呼吸困难，并伴有头晕、头痛、恶心、呕吐、乏力等。

氨主要来源于建筑工程中使用的混凝土外加剂（如防冻剂）、室内装饰装修用的木材及织物阻燃剂等。

（4）氡　氡是一种无色无味的放射性气体。自然界中任何岩石、砂子、土壤以及各种矿石，无不含有天然放射性核素，主要是铀、钍、镭、钾等长寿命放射性同位素。在居室中对人体危害最大的，是这些长寿命放射性同位素放射的射线以及氡，其中氡的内照射危害占了一半。氡对人的危害主要是氡在衰变过程中产生半衰期比较短的具有放射性的子体粒子，吸附在空气中飘尘上形成气溶胶，被人体吸入后，沉积于体内，其放射出的粒子对人体，尤其是上呼吸道、肺部产生很强的体内照射，达到一定程度可诱发肺癌；体外照射主要是指天然花岗石等装饰装修材料中的放射体直接照射人体后产生的对人体内造血器官、神经系统、生殖系统和消化系统的损伤。

氡的来源有多种途径，装饰装修工程中常用的岩石（花岗石）是主要的直接来源，不同的岩石含有不同的氡含量。其他氡来源还包括砖、砂、水泥、墙地砖、水源、煤气（天然气）等。

（5）总挥发性有机化合物（TVOC）　室内 TVOC 主要来源是油漆、水性涂料、胶粘剂、灌缝胶、人造板、泡沫隔热材料、塑料板材以及壁纸和纤维材料等。

2. 室内环境污染控制规定

室内环境污染是指室内空气中混入有害人体健康的甲醛、苯、氨、氡，总挥发性有机物等气体的现象，为了预防和控制建筑材料和装饰装修材料产生的室内环境污染，保障公众健康，维护公共利益，必须严格控制其限值或限量。

建筑装饰装修工程应选用低毒性或无毒性、低污染或无污染的装饰装修材料。住宅装饰装修后室内环境污染浓度限值见表1-1。

表1-1　住宅装饰装修后室内环境污染浓度限值

室内环境污染物	浓度限量	室内环境污染物	浓度限量
氡/（Bq/m³）	≤200	氨/（mg/m³）	≤0.20
甲醛/（mg/m³）	≤0.08	总挥发性有机物 TVOC/（Bq/m³）	≤0.50
苯/（mg/m³）	≤0.09		

民用建筑工程所使用的无机非金属建筑材料，包括砂、石、砖、水泥、商品混凝土、预制构件和新型墙体材料等，其放射性指标限量见表1-2。

内照射指数（I_{Ra}）是指建筑材料中天然

表1-2　无机非金属建筑材料放射性指标限量

测定项目	限　量
内照射指数（I_{Ra}）	≤1.0
外照射指数（I_r）	≤1.0

放射性核素镭-226 的放射性比活度与本标准规定的限量 200 的比值。

外照射指数（I_r）是指建筑材料中天然放射性核素镭-226、钍-232 和钾-40 的放射性比活度，分别与其各自单独存在时本标准规定限量的比值之和。

$$I_r = \frac{C_{Ra}}{370} + \frac{C_{Th}}{260} + \frac{C_K}{4200}$$

C_{Ra}、C_{Th}、C_K 分别为建筑材料中天然放射性核素镭-226、钍-232 和钾-40 的放射性比活度，单位为贝可/千克（Bq/kg）。

民用建筑工程所使用的无机非金属装修材料，包括石材、建筑卫生陶瓷、石膏板、吊顶材料等，进行分类时，其放射性指标限量见表1-3。

表1-3 无机非金属装修材料放射性指标限量

测定项目	限 量	
	A	B
内照射指数（I_{Ra}）	≤1.0	≤1.3
外照射指数（I_r）	≤1.3	≤1.9

注：空心率大于 25% 的建筑材料，其天然放射性核素镭-226、钍-232 和钾-40 的放射性比活度应同时满足内照射指数（I_{Ra}）≤1.0、外照射指数（I_r）≤1.3。

民用建筑工程室内用人造木板及饰面人造木板，必须测定游离甲醛含量或游离甲醛释放量，并根据游离甲醛含量或游离甲醛释放量划分为 E_1 类和 E_2 类。当采用环境测试舱法测定游离甲醛释放量，并依次对人造木板进行分类时，其限量见表1-4。

当采用穿孔法测定游离甲醛含量，并依次对人造木板进行分类时，其限量见表1-5。

当采用干燥器法测定游离甲醛释放量，并依次对人造木板进行分类时，其限量见表1-6。

民用建筑工程室内用水性涂料，应测定总挥发性有机化合物（TVOC）和游离甲醛的含量，其限量见表1-7。

表1-4 环境测试舱法测定游离甲醛释放量限量

类 别	限量/（mg/m³）
E_1	≤0.12

表1-5 穿孔法测定游离甲醛含量分类限量

类 别	限量（mg/100g，干材料）
E_1	≤9.0
E_2	>9.0，≤30.0

表1-6 干燥器法测定游离甲醛释放量分类限量

类 别	限量（mg/100g，干材料）
E_1	≤1.5
E_2	>1.5，≤5.0

表1-7 室内用水性涂料中总挥发性有机化合物（TVOC）和游离甲醛限量

测定项目	限量（mg/100g，干材料）
TVOC/（g/L）	≤200
游离甲醛/（g/kg）	≤0.1

民用建筑工程室内用溶剂涂料，应按其规定的最大稀释比例混合后，测定总挥发性有机化合物（TVOC）和苯的含量，其限量见表1-8。

表1-8 室内用溶剂涂料中总挥发性有机化合物（TVOC）和苯限量

涂料名称	TVOC/（g/L）	苯/（g/kg）	涂料名称	TVOC/（g/L）	苯/（g/kg）
醇酸漆	≤550	≤5	酚醛磁漆	≤380	≤5
硝基清漆	≤750	≤5	酚醛防锈漆	≤270	≤5
聚氨酯漆	≤700	≤5	其他溶剂型涂料	≤600	≤5
酚醛清漆	≤500	≤5			

民用建筑工程室内用溶剂型胶粘剂，应测定其总挥发性有机化合物（TVOC）和苯限量测定总挥发性有机化合物（TVOC）和苯的含量，其限量见表1-9。

民用建筑工程室内用水性胶粘剂，应测定其总挥发性有机化合物（TVOC）和游离甲醛含量，其限量见表1-10。

表1-9 室内用溶剂型胶粘剂中总挥发性有机化合物（TVOC）和苯限量

测定项目	限量
TVOC/（g/L）	≤750
苯/（g/kg）	≤5

表1-10 室内用水性胶粘剂中总挥发性有机化合物（TVOC）和游离甲醛限量

测定项目	限量
TVOC/（g/L）	≤50
游离甲醛/（g/kg）	≤1

民用建筑工程室内用水性阻燃剂、防水剂、防腐剂等水性处理剂，应测定其总挥发性有机化合物（TVOC）和游离甲醛含量，其限量见表1-11。

表1-11 室内用水性处理剂中总挥发性有机化合物（TVOC）和游离甲醛限量

测定项目	限量
TVOC/（g/L）	≤200
游离甲醛/（g/kg）	≤0.5

3. 选择绿色建材、环保产品

（1）倡导绿色环保设计 人们对建筑空间环境的身心感受主要有视觉环境、听觉环境、触觉环境，即人们对环境的生理和心理上的感受。要创造良好的建筑空间环境，首先必须倡导绿色环保设计的理念。

进行绿色环保设计，就是以人为本，对建筑空间进行合理的设计，包括平面布置、交通流向、家具位置、采光、通风等。如设置必需的门窗，以保证室内空气流通；厨房、卫生间要设置排风器进行及时换气；采光、照明、色彩等的合理搭配；家具、装饰品等摆放要符合人的需求。若在居室恰当的位置设计"室内庭园"，山水花竹尽显姿色，更能给人一种身居自然的轻松感受，陶冶生活情趣，烘托家庭氛围。

（2）选择绿色建筑装饰装修材料 绿色建筑装饰装修材料是指使用过程中既不会损害人体健康，又不会导致环境污染和生态破坏的健康型、环保型、安全型的材料。因此，选择经济、实用、安全的绿色建筑装饰装修材料十分重要。

装饰装修材料中无机材料引起的空气污染主要是天然岩石（即常用的花岗石）。因此，使用石材时要严格检测其放射性是否超标，并在铺设完成后再次进行大面积检测；选石材时要选经过检测的 A 类石材，因为 A 类石材放射性污染最少，用在室内比较安全。

有机材料中引起空气污染的品种较多，必须引起高度注意。部分化学合成物对人体有一定的危害，它们大多为芳香烃，如苯、酚、醛及其衍生物，具有浓重的刺激性气味，可以导致人们生理和心理病变。目前市场上不少细木工板、纤维板、刨花板、胶合板、涂料、塑料制品、复合地板、保温材料、胶粘剂等都含有各种不同程度的空气污染物质，这些物质在室内不断挥发，如果空气流通不畅，其浓度就会不断增高，给人体健康造成严重损害。为此，在应用这些建筑装饰材料时，最好选择已通过 ISO 9000 系列质量体系认证或经过有关部门鉴定具有绿色环保标志的产品。同时，在使用上述材料时要注意通风，完工后还需加强通风，尽量让这些有害物质散发掉，不对人体产生危害。涂料（油漆）也要尽量使用健康环保型产品，减少现场喷涂工艺，以避免其对人体可能产生的化学毒害。

现在大部分家具和橱柜都是胶合板和纤维板（或细木工板）用胶粘剂粘合制成的，这些材料含有强烈的甲醛物质，因此最好采用全木制的家具和橱柜（橱柜也可采用不锈钢制作）。

（3）注重安全、环保意识　室内装饰装修施工中忽视安全、环保的现象十分突出。首先是任意拆墙打洞，破坏楼房整体结构，特别是承重墙，无论改动大小，都会削弱承载力；楼板上铺设木地板、地砖，楼板下安装吊顶，给楼层增加了荷载；由于随意打孔、开洞，既造成了对周边环境的影响，又使室内隔声、防漏、安全功能大大降低。因此，必须注重建筑结构安全，科学设计，文明施工。

要创造良好的室内空间环境，还可以采取其他措施，如绿色植物不仅可以增加环境美观，给人以一种自然、轻松、和谐之感，还能吸收室内的有害物质，改善室内空气质量，从而提高生活质量。

防止室内空气质量污染，保护人们身体健康，这是 21 世纪越来越引起关注的话题。在进行建筑装饰装修工程时，一是要选择符合国家有关质量标准的建筑装饰装修材料；二是应多购入工业化生产制作的成品（或半成品）用具或家具，尽量减少现场制作的装修方式，尤其是要减少对人造板材的使用量；三是在建筑装饰装修过程及完工后数月内（即使用前）必须开启门窗保持室内通风；四是要请有关权威机构检测室内空气质量，并视结果状况及时采取相应措施。

1.4　建筑装饰装修材料的应用方式

1.4.1　现场制作式

现场制作式是指把所需的建筑装饰装修材料搬运到工地现场，然后通过人工及机械设备在现场制作成形的装饰装修做法。如水泥砂浆抹灰工程，首先需把水泥、砂子、石灰等材料运到工地，然后通过人工和搅拌设备把上述材料加上适量的水拌和成水泥砂浆，最后再通过人工操作把水泥砂浆涂抹在建筑装饰面上（简称抹灰）；其他如墙面涂刷涂料、木材面油漆、现场制作家具等均属此方式。现场制作一般采用抹、压、滚、磨、涂、喷、弹、刮等操作方式施工。

1.4.2 成品粘贴式

成品粘贴式是指把装饰成品或半成品用胶凝材料（如水泥砂浆、胶水等）附加于建筑构件面上的装饰装修做法。如地砖、面砖、大理石、花岗岩等都是由工厂生产制作或加工切割好的，把这些成品或半成品材料运到现场，然后通过人工用水泥砂浆或胶水把这些材料粘贴到地面或墙面。墙面裱糊墙纸也属于此类方式。

1.4.3 装配固定式

装配固定式是指把装饰成品采用联接的方法固定，拆、装方便。如轻钢龙骨装饰石膏板吊平顶、轻钢龙骨石膏板隔墙、墙面干挂花岗石等做法，主要的材料都是成品或半成品，把这些材料通过人工和机械设备，并采用钉、绑、搁、挂、卡等联接方式固定组合在一起。

1.5 建筑装饰装修材料的应用范围

1.5.1 墙面抹灰

墙面抹灰包括一般抹灰工程（石灰砂浆、水泥砂浆、水泥混合砂浆、聚合物水泥砂浆和麻刀石灰、纸筋石灰、石膏灰等）、装饰抹灰工程（水刷石、斩假石、干粘石、假面砖等）和清水砌体勾缝工程（清水砌体砂浆勾缝和原浆勾缝），主要装饰装修材料为水泥、砂子、石子、石膏、石灰等建筑材料。

1.5.2 门窗制作

门窗制作包括木门窗制作与安装、金属门窗安装、塑料门窗安装、特种门安装、门窗玻璃安装等，主要装饰装修材料为木材、金属、塑料、玻璃等制品。

1.5.3 吊顶安装

吊顶安装包括暗龙骨吊顶（以轻钢龙骨、铝合金龙骨、木龙骨等为骨架，以石膏板、金属板、矿棉板、木板、塑料板或格栅等为饰面材料）和明龙骨吊顶（以轻钢龙骨、铝合金龙骨、木龙骨等为骨架，以石膏板、金属板、矿棉板、塑料板、玻璃板或格栅等为饰面材料），主要装饰装修材料为木材、金属、塑料、石膏、玻璃等制品。

1.5.4 轻质隔墙

轻质隔墙包括板材隔墙（复合轻质墙板、石膏空心板、预制或现制的钢丝网水泥板等）、骨架隔墙（以轻钢龙骨、木龙骨等为骨架，以纸面石膏板、人造木板、水泥纤维板等为墙面板）、活动隔墙、玻璃隔墙（玻璃砖、玻璃板等），主要装饰装修材料为木材、金属、塑料、石膏、玻璃等制品。

1.5.5 墙面板（砖）

墙面板（砖）包括石材板、木板、金属板、塑料板、面砖等，主要装饰装修材料为石材、陶瓷、木材、金属、塑料等制品。

1.5.6 幕墙

幕墙包括玻璃幕墙、金属幕墙、石材幕墙，主要装饰装修材料为玻璃、金属、石材等制品。

1.5.7 涂饰

涂饰包括水性涂料涂饰、溶剂性涂料涂饰、美术涂饰等，主要装饰装修材料为涂料（包括油漆）。

1.5.8 裱糊与软包

裱糊与软包包括壁纸、墙布等裱糊及门、墙面等软包，主要装饰装修材料为塑料、织物等制品。

1.5.9 细部

细部包括橱柜制作与安装工程，窗帘盒、窗台板和散热器罩制作与安装工程，门窗套制作与安装工程，扶栏和扶手制作与安装工程，花饰制作与安装工程等，主要装饰装修材料为木材、金属等制品。

1.6 建筑装饰装修材料及应用质量的检验方法

材料及应用质量是保证装饰装修工程能否满足技术设计要求，能否满足国家有关规范、规定的重要条件。装饰装修材料及应用质量的标准主要是检验装饰装修材料的表面质量以及应用后各个装饰装修构件及装饰面的平整度、垂直度、长度、高度、角度等的尺寸误差是否达到在国家规定的允许范围内，超过允许范围则视为质量不合格。检验方法一般分为视觉观察、手摸感觉、声音鉴别、资料查证、仪器检测。

1.6.1 视觉观察

建筑装饰装修材料的内在纤维或颗粒构成、表面纹理、色彩及质感，装饰装修后的地面、墙面、顶面的平整、垂直、光洁度、色泽的均匀、图案的清晰等，都是靠人从不同方向、不同距离的视觉观察来判断确定的。

1.6.2 手摸感觉

建筑装饰装修材料表面的光滑或粗糙，应用后的各构件及构件之间的粘贴（或连接）牢固或松散，涂料是否掉粉等，都可用手摸（或拉、扳、摇）来确定其质量程度及安全性。

1.6.3 声音鉴别

为了判定建筑装饰装修材料同类产品纤维或颗粒构成的紧密程度和应用粘贴（或连接）是否牢固、是否有脱层或空鼓现象，应通过手敲、锤击等方式所发出的声音来鉴别。

1.6.4 资料查证

为了保证建筑装饰装修材料和应用的质量，必须核查有关装饰设计图样的要求、材料的产品合格证或质量保证书、材料的试验报告或测试记录、应用中的质量验收单、验收记录等技术资料，及时、正确地评定建筑装饰装修材料和应用后的质量等级。

1.6.5 仪器检测

对建筑装饰装修材料和应用质量也可以实地用仪器检测或人工测量等方法来确定，以作出合理、科学的评价。

1.7 建筑装饰装修材料的分类

1.7.1 根据化学成分不同分

1. 有机高分子材料（以树脂为基料）

涂料，木材及制品（胶合板、细木工板、纤维板、刨花板、木地板等），竹材及制品，塑料制品（墙纸、地板、管材、装饰板等），化纤地毯，各种胶粘剂等。

2. 无机非金属材料

天然石材、砂、砖、水泥、商品混凝土、预制构件、陶瓷制品、玻璃制品、石膏制品、矿棉和珍珠岩制品等。

3. 金属材料

（1）黑色金属　钢、铁、合金钢、不锈钢、彩色不锈钢等。

（2）有色金属　铝、铜、金、银、钛金等。

4. 复合材料

（1）有机材料与无机材料复合　人造大理石、人造花岗石等。

（2）金属材料与非金属材料复合　铝塑板、涂塑钢板、塑钢管等。

（3）同类材料中不同品种的复合　复合强化地板（人造有机与天然有机材料复合）。

1.7.2 根据装饰装修部位不同分

1. 地面（楼面、楼梯等）**装饰装修材料**

木地板：实木地板、实木复合地板、强化地板、竹地板。

陶瓷砖：釉面砖、霹雳砖、玻化砖、陶瓷锦砖、广场地砖。

石材板：天然花岗石、天然大理石。

地毯：纯毛地毯、混纺地毯、化纤地毯。

塑料地板：卷材塑料地板、块状塑料地板。

地面涂料：耐磨漆。

2. 内墙面（墙面、墙裙、踢脚线等）**装饰装修材料**

石材板：天然花岗石、天然大理石、人造花岗石、人造大理石。

陶瓷砖：釉面砖、陶瓷锦砖。

人造木板：胶合板、细木工板、纤维板、刨花板。

内墙涂料：溶剂型涂料、水溶性涂料、乳胶涂料、复合型涂料。

墙纸（布）：聚氯乙烯塑料墙纸、无纺墙布。

塑料板：塑料贴面装饰板、聚氯乙烯装饰板、塑料泡沫板。

石膏板：石膏装饰板、纸面石膏板。

金属板：不锈钢板、铝合金板、钛金板、（复合）铝塑板等。

玻璃：普通玻璃、彩色玻璃、安全玻璃、特种玻璃、艺术玻璃。

3. 外墙面（外墙、阳台、台阶、雨篷等）**装饰装修材料**

石材板：天然花岗石。

陶瓷砖：外墙面砖、陶瓷锦砖。

外墙涂料：溶剂型涂料、乳胶涂料、复合型涂料。

金属板：不锈钢板、铝合金板、钛金板、（复合）铝塑板。

玻璃：普通玻璃、彩色玻璃、安全玻璃、特种玻璃。

4. 顶面（棚）装饰装修材料

人造木板：胶合板、细木工板、纤维板、刨花板。

内墙涂料：溶剂型涂料、水溶性涂料、乳胶涂料、复合型涂料。

塑料板：塑料贴面装饰板、聚氯乙烯装饰板、塑料泡沫板。

石膏板：石膏装饰板、纸面石膏板、石膏装饰线条。

金属板：不锈钢板、铝合金板、钛金板、（复合）铝塑板等。

玻璃：普通玻璃、彩色玻璃、安全玻璃、特种玻璃。

1.7.3 根据装饰装修材料的燃烧性能分

1. 燃烧性能等级

为了保障建筑内部装修的消防安全，防止和减少建筑物火灾的危害，应积极采用不燃性材料和难燃性材料，尽量避免采用在燃烧时产生大量浓烟或有毒气体的材料。装饰装修材料燃烧性能等级见表1-12。不论材料属于哪一类，只要符合不燃性试验方法规定的条件，均定为A级材料。对顶棚、墙面、隔断等材料应将饰面层连同基材一并作出整体综合评价。常用建筑内部装修材料燃烧性能等级划分举例见表1-13，单层、多层民用建筑内部各部位装修材料的燃烧性能等级见表1-14，高层民用建筑内部各部位装修材料的燃烧性能等级见表1-15。

表 1-12 装饰装修材料的燃烧性能等级

等级	装修材料燃烧性能	燃 烧 特 征
A	不燃性	在空气中受到火烧或高温作用时不起火、不燃烧、不易炭化的材料
B_1	难燃性	在空气中受到火烧或高温作用时难起火、难燃烧、难炭化，离开火源后，燃烧或微燃立即停止的材料
B_2	可燃性	在空气中受到火烧或高温作用时立即起火或微燃，离开火源后，继续燃烧或微燃的材料
B_3	易燃性	在空气中受到火烧或高温作用时立即起火，并迅速燃烧，离开火源后继续迅速燃烧的材料，如未经阻燃处理的塑料、纺织物等

表 1-13 常用建筑内部装修材料燃烧性能等级划分举例

材料类别	级别	材料举例
各部位材料	A	花岗岩、大理石、水磨石、水泥制品、石膏板、石灰制品、黏土制品、玻璃、瓷砖、马赛克、钢铁、铝、铜合金等
顶棚材料	B_1	纸面石膏板、纤维石膏板、水泥刨花板、矿棉装饰吸声板、玻璃棉装饰吸声板、珍珠岩装饰吸声板、难燃胶合板、难燃中密度纤维板、岩棉装饰板、难燃木材、铝箔复合材料、难燃酚醛胶合板、铝箔玻璃钢复合材料等
墙面材料	B_1	纸面石膏板、纤维石膏板、水泥刨花板、矿棉板、玻璃棉板、珍珠岩板、难燃胶合板、难燃中密度纤维板、防火塑料装饰板、难燃双面刨花板、多彩涂料、难燃墙纸、难燃墙布、难燃仿花岗岩装饰板、氯氧镁水泥装配式墙板、难燃玻璃钢平板、PVC塑料护墙板、轻质高强复合墙板、阻燃模压木质复合板材、彩色阻燃人造板、难燃玻璃钢等
	B_2	各类天然木材、木制人造板、竹材、纸制装饰板、装饰微薄木贴面板、印刷木纹人造板、塑料贴面装饰板、聚酯装饰板、复塑装饰板、塑纤板、胶合板、塑料壁纸、无纺贴墙布、复合壁纸、天然材料壁纸、人造革等
地面材料	B_1	硬PVC塑料地板、水泥刨花板、水泥木丝板、氯丁橡胶地板等
	B_2	半硬质PVC塑料地板、PVC卷材地板、木地板氯纶地毯等
装饰织物	B_1	经阻燃处理的各类难燃织物等
	B_2	纯毛装饰布、纯麻装饰布、经阻燃处理的其他织物等
其他装饰材料	B_1	聚氯乙烯塑料、酚醛塑料、聚碳酸酯塑料、聚四氟乙烯塑料、三聚氰胺、脲醛塑料、硅树脂塑料装饰型材、经阻燃处理的各类织物等。另见顶棚材料和墙面材料中的有关材料
	B_2	经阻燃处理的聚乙烯、聚丙烯、聚氨酯、聚苯乙烯、玻璃钢、化纤织物、木制品等

注：上述材料进行人工处理后可转化燃烧性能等级，如纸面石膏板贴在轻钢龙骨上可视为A级材料，胶合板涂防火涂料可视为B_1级材料，油漆（涂料）涂在不燃性基体上视为B_1级材料，纸质、布质墙纸贴在A级基体上可视为B_1级材料。

表 1-14 单层、多层民用建筑内部各部位装修材料的燃烧性能等级

建筑物及场所	建筑规模、性质	装修材料燃烧性能等级					装饰织物		其他装饰材料
		顶棚	墙面	地面	隔断	固定家具	窗帘	帷幕	
候机楼的候机大厅、商店、餐厅、贵宾候机室、售票厅等	建筑面积 >10000m² 的候机楼	A	A	B_1	B_1	B_1	B_1		B_1
	建筑面积 ≤10000m² 的候机楼	A	B_1	B_1	B_1	B_2	B_2		B_2
汽车站、火车站、轮船客运站的候车（船）室、餐厅、商场等	建筑面积 >10000m² 的车站、码头	A	A	B_1	B_1	B_2	B_2		B_1
	建筑面积 ≤10000m² 的车站、码头	B_1	B_1	B_1	B_2	B_2	B_2		B_2
影院、会堂、礼堂、剧院、音乐厅	>800 座位	A	A	B_1	B_1	B_1	B_1	B_1	B_1
	≤800 座位	A	B_1	B_1	B_1	B_1	B_1	B_1	B_2
体育馆	>3000 座位	A	A	B_1	B_1	B_1	B_1	B_1	B_2
	≤3000 座位	A	B_1	B_1	B_1	B_1	B_2	B_1	B_2

（续）

建筑物及场所	建筑规模、性质	装修材料燃烧性能等级							
		顶棚	墙面	地面	隔断	固定家具	装饰织物		其他装饰材料
							窗帘	帷幕	
商场营业厅	每层建筑面积 > 3000m² 或总建筑面积 > 9000m² 的营业厅	A	B_1	A	A	B_1	B_1		B_2
	每层建筑面积 1000 ~ 3000m² 或总建筑面积 3000 ~ 9000m² 的营业厅	A	B_1	B_1	B_1	B_2	B_1		
	每层建筑面积 < 1000m² 或总建筑面积 < 3000m² 的营业厅	B_1	B_1	B_1	B_2	B_2	B_2		
饭店、旅馆的客房及公共活动用房等	设有中央空调系统的饭店、旅馆	A	B_1	B_1	B_1	B_2	B_2		B_2
	其他饭店、旅馆	B_1	B_1	B_2	B_2	B_2	B_2		
歌舞厅、餐馆等娱乐、餐饮建筑	营业面积 > 100m²	A	B_1	B_1	B_1	B_2	B_1		B_2
	营业面积 ≤ 100m²	B_1	B_1	B_1	B_2	B_2	B_2		B_2
幼儿园、托儿所、医院病房楼、疗养院、养老院		A	B_1	B_1	B_1	B_2	B_1		B_2
纪念馆、展览馆、博物馆、图书馆、档案馆、资料馆等	国家级、省级	A	B_1	B_1	B_1	B_2	B_1		B_2
	省级以下	B_1	B_1	B_2	B_2	B_2	B_2		B_2
办公楼、综合楼	设有中央空调系统的办公楼、综合楼	A	B_1	B_1	B_1	B_2	B_3		B_2
	其他办公楼、综合楼	B_1	B_1	B_2	B_2	B_2			
住宅	高级住宅	B_1	B_1	B_1	B_1	B_2	B_2		B_2
	普通住宅	B_1	B_2	B_2	B_2	B_2			

表 1-15　高层民用建筑内部各部位装修材料的燃烧性能等级

建筑物	建筑规模、性质	装修材料燃烧性能等级								
		顶棚	墙面	地面	隔断	固定家具	装饰织物			其他装饰材料
							窗帘	帷幕	床罩	家具包布	
高级旅馆	> 800 座位的观众厅、会议厅；顶层餐厅	A	B_1	B_1	B_1	B_1	B_1	B_1		B_1	B_1
	≤ 800 座位的观众厅、会议厅	A	B_1	B_1	B_1	B_1	B_1	B_1		B_2	B_1
	其他部位	A	B_1	B_1	B_2	B_2	B_1	B_2		B_2	B_1

（续）

建筑物	建筑规模、性质	装修材料燃烧性能等级									
		顶棚	墙面	地面	隔断	固定家具	装饰织物				其他装饰材料
							窗帘	帷幕	床罩	家具包布	
商业楼、展览楼、综合楼、商住楼、医院病房楼	一类建筑	A	B_1	B_1	B_1	B_2	B_1	B_1		B_2	B_1
	二类建筑	B_1	B_1	B_2	B_2	B_2	B_2	B_2		B_2	B_2
电信楼、财贸金融楼、邮政楼、广播电视楼、电力调度楼、防灾指挥调度楼	一类建筑	A	A	B_1	B_1	B_1	B_1	B_1		B_1	B_1
	二类建筑	B_1	B_1	B_2	B_2	B_2	B_1	B_2		B_2	B_2
教学楼、办公楼、科研楼、档案楼、图书馆	一类建筑	A	B_1	B_2	B_1	B_2	B_1	B_1		B_1	B_1
	二类建筑	B_1	B_1	B_2	B_2	B_2	B_1	B_1		B_2	B_2
住宅、普通旅馆	一类普通旅馆高级住宅	A	B_1	B_2	B_1	B_2	B_1		B_1	B_2	B_1
	二类普通旅馆普通住宅	B_1	B_1	B_2	B_2	B_2	B_2		B_2	B_2	B_2

2. 阻燃处理

在种类繁多的建筑装饰装修材料中，无机材料遇火后绝大多数不发生燃烧，仅引起物理力学性能降低，严重者丧失承载能力，而有机高分子材料，如木材、塑料、橡胶、合成纤维等，则因其分子中含有大量的碳氢化合物而使其燃点低，容易着火，燃烧时蔓延速度快，因此，必须对这些建筑装饰装修材料（即有机高分子材料）进行阻燃处理。

阻燃涂料（又称防火涂料）根据所采用的溶剂，可分为溶剂型和水溶型两类。无机防火涂料和乳胶防火涂料均以水为溶剂；有机防火涂料采用有机溶剂。按防火涂料的作用原理，可分为非膨胀型防火涂料和膨胀型防火涂料。非膨胀型防火涂料基本上是以无机盐类制成粘合剂，掺入石棉、硼化物等，也有用含卤素的热塑性树脂掺入卤化物和氧化锑等加工制成。膨胀型防火涂料是以天然或人工合成的树脂为基料，添加发泡剂、碳源等防火成分构成防火体系。受火作用时，能形成均匀、致密的蜂窝状碳质泡沫层，这种泡沫层不仅有较好的隔绝氧气作用，而且有非常好的隔热效果。

（1）木材阻燃处理　木材阻燃处理分为表面涂敷及浸渍处理两种方法。表面涂敷即用防火涂料涂于木材表面；浸渍处理有常压浸渍和加压浸渍之分，一般木材浸渍处理后，吸收阻燃剂干药量 $20\sim80kg/m^3$ 时可达阻燃要求。但在浸渍处理前应让木材充分气干，并加工成所需形状和尺寸，以免由于锯、刨等加工，使浸有阻燃剂最多的表面去掉。经阻燃处理后的木材，除应具有所要求的阻燃性能外，还应基本保持原有木材的外观、强度、吸湿性及表面对油漆的附着性能和对金属的抗腐蚀性能等。

（2）阻燃型木质人造板　阻燃型木质人造板一般采用对成品板进行阻燃处理和在生产

工序中添加阻燃剂两种方式。阻燃型木质人造板除应具有一定阻燃性外，还需保持普通人造板的胶合强度、吸湿性等性能。由于某些阻燃剂能降低人造板的强度、提高吸湿性，因此，阻燃剂添加量要根据所要求的阻燃性能、胶合强度降低的允许范围、成本等因素权衡而定。

（3）阻燃木质门（防火门） 将经过阻燃材料处理的木质人造板制成门和门框，在发生火灾时，可手动或使用自动装置将门关闭，使火和烟限制在一定范围内，从而阻止火势蔓延，最大限度地减少火灾损失。木质防火门主要适用于高层建筑和公共建筑等场所楼道内作隔门，还可用作单元门、配电间房门、档案室门等。

（4）阻燃塑料板 聚氯乙烯（PVC）是建筑装饰装修中常用的一种塑料，在生产过程中，因添加了一定量的增塑剂而达不到阻燃要求。为了改善增塑后PVC的阻燃性，需添加阻燃剂或将可燃性增塑剂的一部分换成难燃性增塑剂，以提高PVC制品的阻燃性。聚乙烯（PE）塑料极易着火，燃烧时火焰呈浅蓝色，并发生滴落，造成火灾蔓延，特别是用于吊顶的PE钙塑泡沫装饰板极易引起火灾，因此，在建筑物内使用时，必须经过阻燃处理。

（5）阻燃聚乙烯泡沫塑料 阻燃聚乙烯泡沫塑料的性能与PE钙塑泡沫装饰板的性能基本相同，均具有轻质、隔热、抗震、防潮等许多特点，故在建筑装饰装修上常作为墙面板、吊顶材料、保温材料使用；在管道工程中，常作为管道的包衬材料、保温隔热垫使用；在人防工程中，既可作为防潮材料，又可作为吊顶材料使用。

（6）阻燃纺织品 阻燃纺织品的处理方式有两种，一种是添加方式，即在纺丝原液中添加阻燃剂；另一种是在纤维和织物上进行阻燃整理。纺织品所用阻燃剂按耐久程度分为非永久性整理剂、半永久性整理剂和永久性整理剂。整理剂可根据不同目的单独或混合使用，使织物获得需要的阻燃性能。如永久性阻燃整理的产品一般能耐水洗50次以上，而且能耐皂洗，它主要用于消防服、劳保服、睡衣、床单等。半永久性阻燃整理产品能耐1~15次中性皂水洗涤，但不耐高温皂水洗涤，一般用于沙发套、电热毯、窗帘、床垫等。非永久性阻燃整理产品有一定阻燃性能，但不耐水洗，一般用于墙面软包布等。

（7）阻燃地毯 铺于客房、走道、卧室等地面上的地毯，一般不直接与火源接触，但吸烟者常因不慎而将未熄灭的烟头扔于地毯上，如地毯未经阻燃处理，则可能引起一场大火。化纤地毯阻燃主要在于毯面纤维的处理，毯面纤维阻燃方法和纺织品的阻燃相同，均在化纤制造过程中加入阻燃剂。目前市售化纤地毯氧指数为19%~21%，经严格阻燃处理后的化纤地毯氧指数在26%以上。

（8）阻燃塑料墙纸 未经阻燃处理的墙纸，一旦遇到火源，极易着火蔓延成灾，并释放出烟和有害气体，使室内人员和消防人员中毒身亡。因此，使用未经阻燃处理的墙纸，增加了建筑物的火灾隐患和危害。为了满足建筑物的室内装饰需要，又不增加其火灾隐患和危害，应该采用发烟量低、烟气基本无毒的阻燃低毒塑料墙纸。阻燃低毒塑料墙纸对底纸涂布了专用的阻燃涂料，经加热烘干后即成难燃底纸。然后在底纸上涂布含阻燃剂、发泡剂、增塑剂、热稳定剂、着色剂等PVC树脂底层，经塑化后再辊压印刷含阻燃剂、发泡剂等花纹层涂布料，进行辊压印花、加热发泡处理，冷却成形。

（9）钢材防火处理 钢材虽然遇火不燃，也不向火灾提供燃料，但钢材受火作用后会迅速变软，当钢结构遇火烧15~20min左右，钢架及其他杆件会软化塌落，使结构整体失去稳定而破坏，而且破坏后的钢结构无法修复再用。为了克服钢结构耐火性差的缺点，可采用下列保护方法，以确保钢结构遇火后的安全。一是采用8~15mm厚的石棉隔热板将钢结构的各杆件包覆，以达到耐火极限要求。若耐火极限更高时，其隔热板的厚度需相应增厚。二是用防火涂料涂刷在钢结构上，以提高其耐火极限。在钢结构上所采用的防火涂料有 LG 钢结构防火隔热涂料（厚涂层型）、LB 薄涂层型防火涂料、JC-276 钢结构防火涂料和 ST1-A 型结构防火涂料，后两种涂料除作钢结构防火外，还可作为预应力混凝土构件的防火处理。

小　结

1. 建筑装饰装修是技术和艺术的结合体，是对建筑室内空间环境的再创造，是随着社会生产力的发展而发展的，其主要物质基础是建筑装饰装修材料。

2. 建筑装饰装修材料的现状和趋势是从品种少、档次低、功能单一向多品种、多规格、高档次及绿色、环保产品发展。

3. 建筑装饰装修材料的作用是由其本身具有的功能、质感及色彩来体现的。

4. 建筑装饰装修材料的选用应与建筑类型、空间环境、装饰效果相结合，并坚持经济、实用、耐久以及控制室内空气污染的基本方针。

5. 建筑装饰装修材料的应用方式包括现场制作式、成品粘贴式、装配固定式。

6. 建筑装饰装修材料的应用范围包括墙面抹灰、门窗制作、吊顶安装、轻质隔墙、墙面板（砖）、幕墙、涂饰、裱糊与软包、细部等。

7. 建筑装饰装修材料及应用质量的检验方法包括视觉观察、手摸感觉、声音鉴别、资料查证、仪器检测等。

8. 建筑装饰装修材料根据化学成分不同、装饰装修部位不同、燃烧性能等进行分类。

思 考 题

1-1 建筑装饰装修包含哪些基本概念？
1-2 什么是绿色材料？在进行建筑装饰装修时，怎样防止室内空气受到污染？
1-3 室内装饰效果主要由建筑装饰装修材料本身具有的什么因素来体现？
1-4 用什么方法检验建筑装饰装修材料与应用的质量？
1-5 根据建筑部位不同列出常用的建筑装饰装修材料的名称。
1-6 常用的建筑装修材料燃烧性能有哪几个等级？

实训练习题

1-1 根据本章有关内容介绍，选择若干建筑装饰装修材料进行质感分析。
1-2 绘制体现古典、自然、日式、现代等装饰风格的建筑室内效果图。

第 2 章　材料的基本性质

学习目标：通过本章内容的学习，了解建筑装饰装修材料的构造原理，熟悉建筑装饰装修材料的基本性质，掌握建筑装饰装修材料在实际应用时的变化规律，提高合理选择建筑装饰装修材料的设计应用能力。

建筑装饰装修材料在使用过程中承受着各种不同的作用，除了自重和外力（撞击、摩擦、振动等）外，材料处于外界自然环境中还会受到各种介质（如雨水、冰冻、温度变化及酸、碱等腐蚀性气体）的影响，导致材料的性质发生变化，甚至破坏。为了保证建筑装饰装修材料的耐久性、安全性，要求不同的建筑装饰装修材料还应具有抵抗使用环境中不利因素破坏的能力。

任何材料都是由不同的矿物和化学成分组成。材料的结构主要是指物质内部质点（离子、原子、分子）所处的状态特征。若质点是按特定的规律排列在空间，则成为具有一定几何形状的晶体。若质点的排列没有一定规律，则成为无定形状态的玻璃体。如果材料的化学成分和矿物组成相同，但质点排列不同，则性质各异。

材料的构造是指材料的孔隙、层理、纹理、疵病等宏观状态特征。材料的构造紧密，其强度就高，耐久性也好。材料的绝热、吸声等性能主要也取决于材料的孔隙率。

2.1　物理性质

2.1.1　密度

密度是指材料在绝对密实状态下（不含任何空隙）单位体积的质量。公式如下：

$$\rho = \frac{m}{V}$$

式中　ρ——材料的密度（g/cm^3 或 kg/m^3）；

m——材料的质量（g 或 kg）；

V——材料在绝对密实状态下的体积（cm^3 或 m^3）。

绝对密实的体积是指只有构成材料的固体物质（不含任何空隙）本身的体积。材料的密度大小取决于组成材料的微观结构，除钢材、玻璃等属高密度材料外，绝大多数材料都有一些空隙。

2.1.2　表观密度

表观密度是指材料在自然状态下单位体积的质量。公式如下：

$$\rho_0 = \frac{m}{V_0}$$

式中　ρ_0——材料的表观密度（g/cm^3 或 kg/m^3）；

　　　m——材料的质量（g 或 kg）；

　　　V_0——材料在自然状态下（包括材料内部的孔隙）的体积（cm^3 或 m^3）。

表观密度的体积是指除了构成材料本身的固体物质体积外，还包括材料体积内的空隙体积。材料的空隙率越大，其表观密度就越小。

几种常用的建筑装饰装修材料的密度、表观密度、堆积密度及孔隙率见表 2-1。

表 2-1　常用材料的密度、表观密度、堆积密度及孔隙率

材料名称	密度/（kg/m³）	表观密度/（kg/m³）	堆积密度/（kg/m³）	孔隙率（%）
石灰岩	2600	1800～2600	—	0.6～1.5
花岗岩	2600～2900	2500～2800	—	0.5～1.0
碎石（石灰岩）	2600	—	1400～1700	—
砂	2600	—	1450～1650	—
水泥	2800～3200	—	1200～1300	—
烧结普通砖	2500～2700	1600～1800	—	20～40
普通混凝土	2600	2100～2600	—	5～20
轻质混凝土	2600	1000～1400	—	60～65
木材	1550	400～800	—	55～75
钢材	7850	7850	—	
泡沫塑料	—	20～50	—	95～99

2.1.3　堆积密度

堆积密度是指粉状或粒状材料在堆积状态下单位体积的质量。公式如下：

$$\rho'_0 = \frac{m}{V'_0}$$

式中　ρ'_0——材料的堆积密度（g/cm^3 或 kg/m^3）；

　　　m——材料的质量（g 或 kg）；

　　　V'_0——材料在堆积状态下（包括颗粒间的孔隙）的体积（cm^3 或 m^3）。

材料的堆积体积包括材料本身的固体物质体积、材料内部的空隙体积及散粒材料之间的空隙体积。材料的空隙越大，其堆积密度就越小。

2.1.4　密实度

密实度是指材料体积内固体物质充实的程度。公式如下：

$$D = \frac{V}{V_0} \times 100\% = \frac{\rho_0}{\rho}$$

式中　D——材料的密实度（%）。

2.1.5　孔隙率

孔隙率是指材料中孔隙体积占整个材料在自然状态下的体积的比例。公式如下：

$$P = \frac{V_0 - V}{V} \times 100\% = \left(1 - \frac{\rho_0}{\rho}\right) \times 100\% = 1 - D$$

式中　P——材料的孔隙率（%）。

孔隙率的大小直接反映了材料的致密程度，孔隙率的大小及孔隙特征与材料的强度、吸水性、抗渗性、导热性等都有密切关系。

2.1.6　空隙率

空隙率是指散粒材料（如砂子、石子等）颗粒之间的空隙体积所占堆积体积的比例。公式如下：

$$P' = \frac{V'_0 - V_0}{V'_0} \times 100\% = \left(1 - \frac{\rho'_0}{\rho}\right) \times 100\%$$

式中　P'——材料的空隙率（%）。

空隙率的大小反映了散粒材料的颗粒互相填充的密实程度。

2.2　与水有关的性质

2.2.1　亲水性与憎水性

材料与水接触时，表面能被水润湿的性质称为亲水性（如天然石材、木材、钢材、砖瓦等）；不能被水润湿的性质称为憎水性（如塑料、玻璃等）。

材料在空气中与水接触时，在材料、水、空气三相的交界处，沿水滴表面的切线和水接触面的夹角 θ 称为润湿角，如图 2-1 所示。通常认为，润湿角 θ 小于 90°的材料能被水润湿而表现亲水性；润湿角 θ 大于 90°的材料表面不能吸水而表现憎水性；润湿角 θ 等于 0 时，材料完全被水润湿。

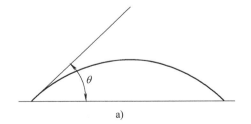
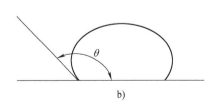

a)　　　　　　　　　　　　　　　b)

图 2-1　材料润湿示意图

a）亲水性材料　b）憎水性材料

2.2.2 吸水性

吸水性是指材料在水中吸收水分的能力。吸水性的大小，一般以吸水率表示。公式如下：

$$W = \frac{m_1 - m}{m} \times 100\%$$

式中　W——材料吸水率（%）；

　　m——材料在干燥状态下的质量（g）；

　　m_1——材料在吸水饱和状态下的质量（g）。

材料的吸水性不但取决于材料本身是亲水性还是憎水性，而且还与孔隙率大小有关。孔隙率越大，吸水性越强，即表观密度越小，吸水性越大。如花岗岩吸水率 0.1% ~ 0.7%，普通混凝土吸水率 2% ~ 3%，砖吸水率 8% ~ 20%，木材吸水率则常大于 100%，但有些材料不易吸水，如塑料。

水对部分材料性质产生不良影响，使材料的导热性增大，强度降低，体积膨胀。

2.2.3 吸湿性

吸湿性是指材料在潮湿空气中吸收水分的性质。吸湿性随着空气温度的变化而变化，干的材料在空气中能吸收水分，逐渐变湿；湿的材料在空气中能失去水分，逐渐变干，最终使材料的水分与周围空气的湿度达到平衡，此时处于气干状态时的含水率称为平衡含水率。平衡含水率也随着温度和湿度的变化而变化。材料空隙中含有的水分质量与材料质量之比的百分数称为材料的含水率。

2.2.4 耐水性

耐水性是指材料在水中或吸水饱和以后不破坏，其强度不显著降低的性质（如混凝土、石材等）。金属有较强的耐水性，但其表面遇水后会生锈、变色；建筑涂料常以涂刷后遇水是否会起泡、脱落、褪色等来说明耐水性程度。

2.2.5 抗渗性

抗渗性是指材料抵抗水压力渗透的性质。绝对密实或具有封闭空隙作用的材料，实际上是不透水的。屋顶水箱、水塔、地下建筑等承受水压力作用的材料必须要具有一定的抗渗能力。

2.3　热工性质

2.3.1 导热性

热量由材料的一面传到另一面的性质，称为材料的导热性，导热性用热导率 $\lambda [W/(m \cdot K)]$ 表示。热导率越小，隔热性能越好；材料的孔隙率越大，即材料越轻，热导率越小；材料含水（冰）时，热导率急剧增加；热导率大小取决于材料的化学组成、孔隙率、含水量等。金属材料、无机材料、晶体材料的热导率大于非金属材料、有机材料、非晶体材料。常用材料的热导率及技术性能见表 2-2～表 2-7。一般热导率小于 0.23 的材料称为隔热材料。

表 2-2　常用材料的热导率

材 料 名 称	热导率 /[W/(m·K)]	比热容 /[J/(g·K)]	材 料 名 称	热导率 /[W/(m·K)]	比热容 /[J/(g·K)]
铜	370	0.38	绝热用纤维板	0.05	1.46
钢	55	0.46	玻璃棉板	0.04	0.88
花岗石	2.9	0.80	泡沫塑料	0.03	1.30
普通混凝土	1.8	0.88	冰	2.20	2.05
普通黏土砖	0.55	0.84	水	0.60	4.19
松木（黄纹）	0.15	1.63	密闭空气	0.025	1.00

表 2-3　水泥木丝板的技术性能

材 料 名 称	干燥状态下表观密度 /（kg/m³）	自然含水状态下抗折强度 /（MPa）	热导率 /[W/(m·K)] 干燥状态下	热导率 /[W/(m·K)] 计算值	重量吸水率 （%） 不超过	吸湿率 （%） 不超过
保温用木丝板	350	0.4	0.11	0.13	55	4
构造用木丝板	550	1.0	0.17	0.25	70	7

表 2-4　膨胀珍珠岩制品的技术性能

材 料 名 称	表观密度 /（kg/m³）	热导率 /[W/(m·K)]	抗拉强度 /MPa	抗折强度 /MPa	使用温度/℃
水泥膨胀珍珠岩制品	300～400	常温 0.085～0.087 低温 0.081～0.120 高温 0.067～0.150	5～10	110～130 (24h)	≤600
水玻璃膨胀珍珠岩制品	200～300	常温 0.056～0.065	6～12	120～180 (96h)	600
磷酸盐膨胀珍珠岩制品	200～250	常温 0.044～0.052	6～12	—	1000
沥青膨胀珍珠岩制品	400～500	常温 0.070～0.081	7～10		

表 2-5　矿渣棉制品的技术性能

材 料 名 称	表观密度/（kg/m³）	热导率/[W/(m·K)]	抗折强度/MPa	使用温度/℃
矿棉毡	130～160	0.048～0.052	—	—
矿棉板	≤200	≤0.052	0.20	≤300
矿棉管壳	≤200	≤0.052	0.15	≤300

表2-6 泡沫塑料的技术性能

材料名称	表观密度 / (kg/m³)	热导率 / [W/(m·K)]	抗压强度 /MPa	耐热度 /℃	耐寒度 /℃
聚苯乙烯泡沫塑料	21 ~ 51	0.03 ~ 0.04	0.14 ~ 0.36	75	−80
硬质聚氯乙烯泡沫塑料	≤45	≤0.043	≥0.18	80	−35
硬质聚氨酯泡沫塑料	30 ~ 40	0.037 ~ 0.048	≥0.2	—	—
脲醛泡沫塑料	≤15	0.028 ~ 0.03	0.015 ~ 0.025	—	—

表2-7 玻璃棉制品的技术性能

材料名称		表观密度/(kg/m³)		常温热导率/ [W/(m·K)]	使用温度/℃
		产品表观密度	建筑工程使用表观密度		
短棉	沥青玻璃棉毡	≤80	100	0.041	≤250
	沥青玻璃棉缝毡	≤85		0.041	≤250
	酚醛玻璃棉毡	120、130	140、150	0.041	≤300
	酚醛玻璃棉管	120、130	140、150	0.041	≤300
超细棉	酚醛超细玻璃棉毡	≤20	30 ~ 40	0.035	≤400
	酚醛超细玻璃棉板	≤60	60	0.035	≤300

2.3.2 热容量

热容量是指材料在加热时吸收热量，冷却时放出热量的性质。公式如下：

$$Q = CG(t_2 - t_1)$$

式中　　Q——材料吸收或放出的热量（J）；

G——材料的质量（g）；

C——材料的比热容 [J/(g·K)]；

$(t_2 - t_1)$——受热或冷却前后的温差（K）。

房屋墙体、屋面采用高热容量的材料可长时间保持室内温度的稳定，建筑装饰装修工程也应采用保温绝热材料，以提高建筑物的使用功能，减少热损失，节约能源。

2.3.3 耐急冷急热性

耐急冷急热性是指材料抵抗在温度升高（或降低）时发生膨胀（或收缩）但仍保持原有性质的能力，也称为材料的热变形性，一般用线胀系数表示。

有些材料在急冷急热交替作用下因产生较大的温度应力而开裂破坏，如塑料饰面材料容易在冬天开裂、变形；墙面砖虽然其陶瓷与釉的温度应力变化不一样，但由于二者经高温焙烧制作成形，产品又经三次急冷急热试验釉面不出现裂纹，所以具有较高的强度和耐久性；钢筋和混凝土两种材料组合因线胀系数差不多，不会产生太大的应力，所以钢筋混凝土材料广泛应用于各类建筑结构的施工。

2.3.4　耐燃性

耐燃性是指材料抵抗燃烧的性质。材料的耐烧性是影响建筑物防火和耐火等级的重要因素，建筑用途、场所、部位不同，所使用装饰材料的火灾危险性不同，对装饰材料的燃烧性能要求也不同。

各类建筑设计或装饰设计必须符合国家有关防火规范规定的防火要求，妥善处理装饰效果和使用安全的矛盾，积极采用不燃性材料和难燃性材料，做到安全适用，技术先进，经济合理。

2.3.5　耐火性

耐火性是指材料抵抗高热或火的作用，而保持原有性质的能力。与耐燃性不同，如金属材料、玻璃等虽属不燃性材料，但在高温作用下，在短时间内会变形、熔融，因此不属于耐火材料。耐火极限用时间"h"来表示，如钢柱的耐火极限仅有 0.25h。

2.4　力学性质

2.4.1　强度

强度是指材料在外力作用下抵抗破坏的能力（图 2-2）。材料强度包括：抗压强度、抗拉强度、抗弯强度、抗剪强度。抗压、抗拉和抗剪强度的计算公式如下：

$$f = \frac{F}{A}$$

式中　f——材料极限强度（MPa）；

　　　F——试件破坏时的最大荷载（N）；

　　　A——试件的受力面积（mm²）。

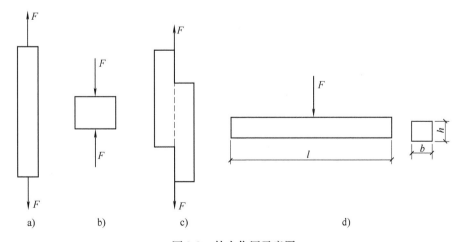

图 2-2　外力作用示意图

a）抗拉　b）抗压　c）抗剪　d）抗弯

抗弯强度的计算公式如下：

$$f_{tm} = \frac{3FL}{2bh^2}$$

式中　f_{tm}——材料抗弯极限强度（MPa）；

　　　　L——试件两支点间的距离（mm）；

　　b、h——试件截面的宽度和高度（mm）。

材料的强度主要取决于材料成分、结构及构造。不同类型的材料强度不同，同类型的材料由于构造不同其强度也不同。

2.4.2　弹性、塑性

材料的弹性、塑性是指材料在外力作用下产生变形，当外力取消后，能够完全恢复原来形状的性质称为弹性变形；材料在外力作用下产生变形，当外力取消后，有一部分变形不能恢复的性质称为塑性变形。材料的弹性变形和塑性变形与材料本身的成分、结构有关系。建筑钢材是一种具有弹塑性两种变形特征的材料，弹性变形曲线如图2-3所示，弹塑性变形曲线如图2-4所示。

2.4.3　脆性

材料的脆性是指当外力达到一定限度，材料无明显的塑性变形而突然破坏的性质。陶瓷、玻璃、石材、砖瓦等都属于脆性材料。脆性变形曲线如图2-5所示。

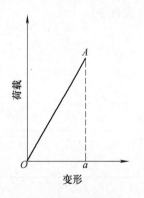
　　　　　　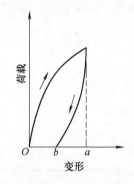
　　　　　　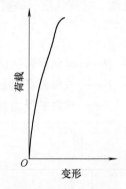

图2-3　弹性变形曲线　　　　图2-4　弹塑性变形曲线　　　　图2-5　脆性变形曲线

2.4.4　韧性

韧性是指材料在冲击、震动荷载的作用下能承受较大的变形也不至于破坏的性质。钢材、铝材、木材都属于韧性材料。桥梁、地面、路面、飞机跑道、吊车梁等构件的材料都要求有此性能。

2.4.5　硬度

硬度是指材料抵抗其他较硬物体压入其表面的能力。如地面材料应采用较硬的材料，楼梯扶手木材需用硬木。

2.4.6 耐磨性

耐磨性是指材料表面抵抗磨损的能力。公式如下：

$$N = \frac{m_1 - m_2}{A}$$

式中 N——材料的磨损率（kg/cm^2）；

m_1、m_2——试件磨损前和磨损后的质量（kg）；

A——试件的受磨面积（cm^2）。

2.4.7 耐久性

耐久性是指材料在环境中多种因素的作用下能长久不变形、不破坏，并且保持原性能的性质。因材料组成和结构不同，其耐久性不同，同时材料还受其他环境影响（物理、化学、机械、生物作用等）。

小　　结

1. 材料的物理性质包括密度、表观密度、堆积密度、密实度、孔隙率、空隙率等。
2. 材料与水有关的性质包括亲水性与憎水性、吸水性、吸湿性、耐水性、抗渗性等。
3. 材料的热工性质包括导热性、热容量、耐急冷急热性、耐燃性、耐火性等。
4. 材料的力学性质包括强度、弹性、塑性、脆性、韧性、硬度、耐磨性、耐久性等。

思　考　题

2-1 材料在使用过程中会受到什么因素的影响？

2-2 什么叫材料的吸湿性？

2-3 列出常用材料的热导率。

2-4 什么材料应具有耐急冷急热性？

2-5 耐燃性和耐火性的主要区别是什么？

2-6 材料的力学性能包括哪些内容？

实训练习题

2-1 列出密度和表观密度的公式，并解释其含义。

2-2 选择若干材料进行与水有关性质的试验。

2-3 利用实验室设备，对若干材料进行强度测试。

第3章　木材制品与应用

学习目标： 通过本章内容的学习，了解木材制品的构造、特性，熟悉木材制品的品种类型，掌握木材制品的选购、应用方式和质量标准，提高对木材制品在建筑装饰装修中的设计应用能力。

　　木材由于其具有的独特性质和天然纹理，应用非常广泛。它不仅是我国具有悠久历史的古建筑主要材料（如制作建筑物的木屋架、木梁、木柱、木门、窗等），而且也是现代建筑主要的装饰装修材料（如木地板、木制人造板、木制线条等）。

　　木材由于树种及生长环境不同，其构造差别很大，而木材的构造也决定了木材的性质。木材的生长及结构如图 3-1 所示，木材的宏观构造如图 3-2 所示。

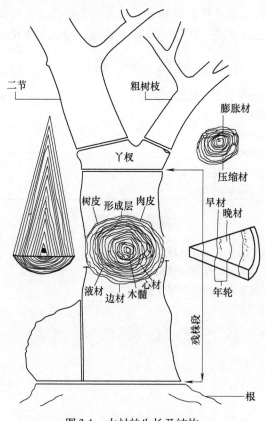

图 3-1　木材的生长及结构

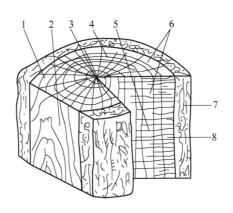

图 3-2　木材的宏观构造

1—横切面　2—弦切面　3—髓心　4—年轮
5—径切面　6—髓线　7—树皮　8—木质部

3.1　木材的分类

3.1.1　按树叶不同分

1. 针叶树

针叶树树叶细长如针，树干通直高大，纹理顺直，表观密度和胀缩变形较小，强度较高，有较多的树脂，耐腐性较强，木质较软而易于加工，又称"软木"，多为常绿树。常见的树种有红松、白松、马尾松、落叶松、杉树、柏木等，主要用于各类建筑构件、制作家具及普通胶合板等。

2. 阔叶树

阔叶树树叶宽大，树干通直部分较短，表观密度大，胀缩和翘曲变形大，材质较硬，易开裂，难加工，又称"硬木"，多为落叶树。硬木常用于尺寸较小的建筑构件（如楼梯木扶手、木花格等），但由于硬木具有各种天然纹理，装饰性好，因此，可以制成各种装饰贴面板和木地板。常见的树种有樟木、榉木、胡桃木、柚木、柳桉、水曲柳及较软的桦木、椴木等。

3.1.2　按加工程度和用途分

按加工程度和用途的不同，木材可分为原木、原条和板方材等。

1）原木是指树木被伐倒后，经修枝并截成规定长度的木材。

2）原条是指只经修枝、剥皮，没有加工造材的木材。

3）板方材是指按一定尺寸锯解，加工成形的板材和方材（截面宽度是厚度的 3 倍或 3 倍以上称板材，不足 3 倍的称方材。）

3.2 木材的性质

3.2.1 轻质高强

木材是非匀质的各向异性材料，表观密度约为 $550kg/m^3$，且具有较高的顺纹抗拉、抗压和抗弯强度。我国是以木材含水率为15%时的实测强度作为木材的强度。木材的表观密度与木材的含水率和孔隙率有关，木材的含水率大，表观密度大；木材的孔隙率小，则表观密度大。

3.2.2 保温隔热性好

木材孔隙率可达50%，热导率小，具有较好的保温隔热性能。

3.2.3 弹、韧性好

木材是天然的有机高分子材料，具有良好的抗震、抗冲击能力。

3.2.4 装饰性好

木材天然纹理清晰，颜色各异，具有独特的装饰效果，且加工、制作、安装方便，是理想的室内装饰装修材料。

3.2.5 耐腐、耐久性好

木材只要长期处在通风干燥的环境中，并给予适当的维护或维修，就不会腐朽损坏，具有较好的耐久性，且不易导电。我国古建筑木结构已有几千年的历史，至今仍完好，但是如果长期处于50℃以上温度的环境，就会导致木材的强度下降。

3.2.6 含水率较高

新伐木材含水率通常大于35%，当木材的自由水全部脱去（自由水 =0），细胞壁内充满了吸附水，该木材含水率称为木材的纤维饱和点。随树种不同木材纤维饱和点一般为25% ~35%，木材纤维饱和点是木材物理力学性能的转折点。

3.2.7 吸湿性较强

木材中所含水分会随所处环境温度和湿度的变化而变化，潮湿的木材能在干燥环境中失去水分，同样，干燥的木材也会在潮湿环境中吸收水分，最终木材中的含水率会与周围环境空气相对湿度达到平衡，这时木材的含水率称为平衡含水率，平衡含水率会随温度和湿度的变化而变化，木材使用前必须干燥到平衡含水率。

3.2.8 湿胀干缩

木材的表观密度越大，变形越大，这是由于木材细胞壁内吸附水引起的。顺纹方向胀缩变形最小，径向较大，弦向最大。当木材从潮湿状态干燥至纤维饱和点时，其尺寸不改变，如果继续干燥，当细胞壁中的吸附水开始蒸发时，则木材体积发生收缩；反之，干燥木材吸湿后，将发生体积膨胀，直到含水率达到纤维饱和点为止，此后，木材含水率继续增大，也不再膨胀。

木材的湿胀干缩对木材的使用有很大影响，干缩会使木结构构件产生裂缝或产生翘曲变形，湿胀则造成凸起。

3.2.9 天然疵病

木材易被虫蛀、易燃，在干湿交替中会腐朽，因此，木材的使用范围和作用受到限制。

3.3 木材的强度

在建筑装饰装修工程中利用的木材强度（即含水率为 15% 时木材的实测强度）主要有抗压强度、抗拉强度、抗弯强度和抗剪强度。由于木材结构构造各向不同，因此抗压、抗拉和抗剪强度又有顺纹与横纹之分。作用力方向与纤维方向平行时称为"顺纹"；作用力方向与纤维方向垂直时称为"横纹"。木材的顺纹强度与横纹强度差别很大，当顺纹抗压强度为 1 时，木材理论上各种强度的比例关系见表 3-1。常用树种的主要物理力学性能见表 3-2。

表 3-1 木材理论上各种强度的比例关系

抗压强度		抗拉强度		抗弯强度	抗剪强度	
顺 纹	横 纹	顺 纹	横 纹		顺 纹	横纹切断
1	$\frac{1}{10} \sim \frac{1}{3}$	$2 \sim 3$	$\frac{1}{20} \sim \frac{1}{3}$	$1\frac{1}{2} \sim 2$	$\frac{1}{7} \sim \frac{1}{3}$	$\frac{1}{2} \sim 1$

表 3-2 常用树种的主要物理力学性能

树种类别	树种名称	产 地	气干容重 /（g/cm³）	干缩系数		顺纹抗压强度/MPa	顺纹抗拉强度/MPa	抗弯强度 /MPa	顺纹抗剪强度/MPa	
				径向	弦向				径面	弦面
针叶树	杉木	湖南	0.371	0.123	0.277	38.8	77.2	63.8	4.2	4.9
		四川	0.416	0.136	0.286	39.1	93.5	68.4	5.0	5.9
	红松	东北	0.440	0.122	0.321	32.8	98.1	65.3	6.3	6.9
	马尾松	安徽	0.533	0.140	0.270	41.9	99.0	80.7	7.3	7.1
	落叶松	东北	0.641	0.168	0.398	55.7	129.9	109.4	8.5	6.8
	鱼鳞云杉	东北	0.451	0.171	0.349	42.4	100.9	75.1	6.2	6.5
	冷杉	四川	0.433	0.174	0.341	38.8	97.3	70.00	5.0	5.5
阔叶树	柞栎	东北	0.766	0.190	0.316	55.6	155.4	124.0	11.8	12.9
	麻栎	安徽	0.930	0.210	0.389	52.1	—	128.6	15.9	18.0
	水曲柳	东北	0.686	0.197	0.353	52.5	138.1	118.6	11.3	10.5
	椰榆	浙江	0.818	—	—	49.1	149.4	103.8	16.4	18.4

3.4　木材的处理

3.4.1　木材的干燥处理

为使木材在使用过程中保持其原有的尺寸和形状，避免发生变形、翘曲和开裂，并防止腐朽、虫蛀，保证正常使用，木材在加工、使用前必须进行干燥处理。

木材的干燥处理方法可根据树种、木材规格、用途和设备条件选择。自然干燥法不需要特殊设备，干燥后木材的质量较好，但干燥时间长，占用场地大，只能干到风干状态。采用人工干燥法，时间短，可干至窑干状态，但如干燥不当，会因收缩不匀，而引起开裂。木材的锯解、加工，应在干燥之后进行。

3.4.2　木材的防腐和防虫处理

木材具有适合菌类繁殖和昆虫寄生的各种条件。在适当的温度（25～30℃）和湿度（含水率为35%～50%）等条件下，菌类、昆虫易于在木材中繁殖、寄生，破坏木质，严重影响使用。为延长木材的使用年限，可采用结构预防法和防腐防虫剂法。

1. 结构预防法

在建造房屋或进行建筑装饰装修时，不能使木材受潮，应使木构件处于良好的通风条件环境，不得将木支座节点或其他任何木构件封闭在墙内；木地板下、木护墙及木踢脚板等宜设置通风洞。

2. 防腐防虫剂法

木材经防腐处理，使木材变为含毒物质，杜绝菌类、昆虫繁殖。常用的防腐、防虫剂有：水剂（硼酚合剂、铜铬合剂、铜铬砷合剂和硼酸等），油剂（混合防腐剂、强化防腐剂、林丹五氯酚合剂等），乳剂（二氯苯醚菊酯）和氟化钠沥青膏浆等。处理方法可用涂刷法和浸渍法，前者施工简单，后者效果显著。

3.4.3　木材的防火处理

木材是易燃材料，在进行建筑装饰装修时，要对木制品进行防火处理。木材防火处理的通常做法是在木材表面涂饰防火涂料，也可把木材放入防火涂料槽内浸渍。

根据胶结性质的不同，防火涂料分油质防火涂料、氯乙烯防火涂料、硅酸盐防火涂料和可赛银（酪素）防火涂料。前两种防火涂料能抗水，可用于露天结构上；后两种防火涂料抗水性差，可用于不直接受潮湿作用的木构件上。

3.5　木材装饰品种

3.5.1　实木地板

实木地板是木材经烘干，加工后制成的地面装饰材料，它具有返璞归真，花纹清晰，质感自然，脚感舒适，使用安全的特点，是卧室、客厅、书房等铺设地面的理想材料。在森林覆盖率下降，大力提倡环保的今天，实木地板更显珍贵。

1. 分类

1）按材质分为普通木地板（即针叶树实木地板）、硬木地板（即阔叶树实木地板）。

2）按外形分为企口木地板（即榫接地板）、平口木地板（即平接地板）、镶嵌木地板，前二者总称条木地板。

企口木地板的纵向和宽度方向都开有榫头和榫槽，背面带有狭长的变形槽。厚度一般为 17～20mm，常用规格尺寸为（长）800～1000mm×（宽）90～150mm。现常用企口木地板均为硬木制作，其树种的特征及用途见表 3-3。条木企口地板铺设构造如图 3-3 所示。

表 3-3　常用企口木地板树种的特征及用途

木材名称	俗　称	产　地	气干密度/（g/cm³）	特征及用途
香脂木豆	红檀香	巴西	0.85～1.03	纹理交错，重硬坚韧，芳香四溢，花纹美观，耐久、耐腐、耐磨；适用于地板、高档家具、室内装饰、雕刻等
蚁木	紫檀	巴西	0.81～1.06	材质硬重，结构细腻，纹理交错，耐久、耐腐、耐虫蛀；适用于地板、高档家具等
柚木	柚木	缅甸	0.48～0.70	直纹或稍交错纹理，密度中等，干缩极小，耐腐、耐磨，易于加工；是名贵家具、地板、船车板的理想材料
香二翅豆	龙凤檀	圭亚那	1.07～1.11	材质硬重，纹理美观，材色悦目；是高档地板、家具、室内装饰的优良材料
依红铁	金丝红檀	非洲	1.01～1.13	材质坚硬，直纹理，抗白蚁，木质稳定，耐腐、耐磨；适用于高级地板、木制品、家具等
铁线子	红檀	巴西	0.97～1.18	材质硬重，直纹理，材质细匀，耐腐、耐磨，抗白蚁，干缩较少，较稳定；适用于高级地板、木制品、家具等
纽墩豆	大河马	非洲	0.76～0.85	颜色呈黄褐色，木纹清晰，味浓，防蛀；适用于地板、家具等
绿柄桑	圆盘豆	非洲	0.61～0.99	颜色呈黄褐色或深褐色，材质坚硬，略带油性，稳定性好，耐腐；适用于地板、室内装饰、高档家具等
山核桃	黑胡桃	东南亚	0.81～0.93	材质硬重，强度高，有强烈的现代感；适用于地板、高档家具、屋架等
大甘巴豆	黄花梨	印尼	0.85～0.95	纹理交错，重硬坚韧，材质稳定，花纹美观，耐久、耐腐、耐磨；适用于地板、室内装饰、家具等
印茄木	波罗格	印尼	0.80～0.94	纹理交错，重硬坚韧，材质稳定，花纹美观，耐久；适用于地板、室内装饰、高档家具、门窗框、车船桥梁等
龙脑香	龙脑香	印尼	0.85～1.03	纹理交错，重硬坚韧，芳香四溢，花纹美观，材质稳定，耐久、耐腐、耐磨；适用于地板、家具、室内装饰等

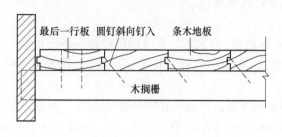
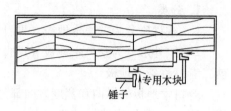

a)

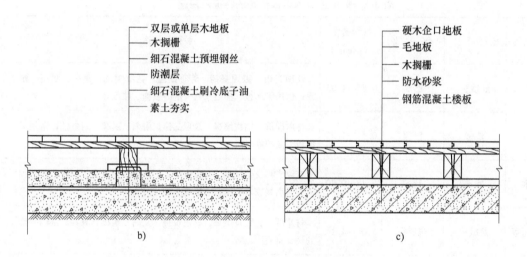

b)　　　　　　　　　　　　　　c)

图 3-3　条木企口地板铺设构造

a）木地板固定示意图　b）底层地面木地板铺设示意图　c）楼面木地板铺设示意图

平口木地板以硬木为主要原料，外形为较短小规格长条形，表面光滑平整，厚度为 10～12mm，常用规格尺寸为（长）200～300mm×（宽）40～60mm。平口木地板可进行多种不同方向的组合或图案造型，以体现不同的装饰效果，但由于与地面用胶水直接粘贴，使用时舒适感较差，故现用量较少。平口木地板铺设可按各种几何图形组合，主要形式如图 3-4 所示。

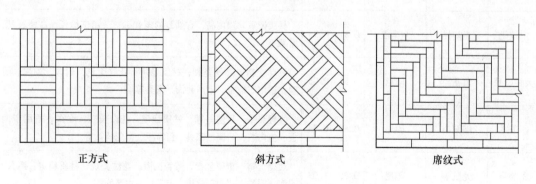

正方式　　　　　　　斜方式　　　　　　　席纹式

图 3-4　硬木平口地板铺设形式

3）按表面涂饰分为素板（未涂饰地板）、漆板（漆饰地板）。

2. 质量等级

实木地板的质量等级分为优等品、一等品、合格品。

3. 特性

1）具有木材的自然纹理，质感好，返璞归真，装饰效果佳。

2）无污染，具有室内湿度调节功能。

3）保温隔热性能好，有弹韧性，因此冬暖夏凉，足感舒适。

4）硬度适中，防静电，经久耐用。

4. 选择

1）稳定性好，质量应符合国家标准。

2）木地板需经过干燥和养生处理，其含水率应符合国家标准（不小于 7%，不大于我国各地区平衡含水率），且每块地板的含水率必须均匀一致。

3.5.2　人造木地板

1. 实木复合地板

实木复合地板是指将优质木材锯切成单片后做成面板，然后根据材料的力学原理将三种（或多种）单片依照纵向、横向、纵向三维排列方法，用胶水粘贴起来，并在高温下压制成形，这又使木材的异向变化得到控制。

实木复合地板具有表面漆膜光泽美观、耐磨、耐热、耐冲击、阻燃、防霉、防蛀等优点，因此在居室地面铺设中应用越来越广泛。

（1）分类

1）按结构分为三层实木复合地板、多层实木复合地板、细木工板复合实木地板。

三层实木复合地板表层为优质名贵木质薄片，中间和底层为普通木材单片，用胶水经高温高压机制热压而成，表层厚度 4mm，中间芯层 8 ~ 9mm，底层 2mm，总厚度一般 14 ~ 15mm 左右。

多层实木复合地板以多层胶合板（通常为三层或五层）为基层，表层为硬木片镶拼刨切单板，用胶水经高温高压机制热压而成，表层硬木片 1.2mm，刨切单板 2 ~ 8mm，总厚度一般不超过 12mm。

2）按甲醛释放量分为 A 类实木复合地板（甲醛释放量不大于 9mg/100g）、B 类实木复合地板（甲醛释放量为 9 ~ 40mg/100g），采用穿孔法测试。

（2）特性　充分利用了珍贵木材装饰效果好的特点做面层材料，又是多层复合结构，材质均匀，不易翘曲、开裂，既适合普通地面铺设，又适合地热采暖普通地面铺设，避免了天然木材的疵病。实木复合地板制作工序全部由工厂完成，安装铺设简单，工期短，并减少了施工现场的环境污染。

（3）质量等级　实木复合地板质量等级分为优等品、一等品、合格品。

2. 浸渍纸层木质地板

浸渍纸层木质地板又称强化（复合）木地板，是国际上近几年发展迅速的地面装饰材料。

（1）分类

1）按基层材料分为高密度强化木地板、中密度强化木地板、刨花板强化木地板，其中以高密度强化木地板为基材的质量最佳。

2）按用途分为公共场所用（地板耐磨转数大于等于9000转）强化木地板、家庭用（地板耐磨转数大于等于6000转）强化木地板。

3）按甲醛释放量分为A类（甲醛释放量不大于9mg/100g）强化木地板、B类（甲醛释放量为9~40mg/100g）强化木地板。

（2）特性　强化（复合）木地板可以仿制名贵木材色彩、花纹和图案，装饰效果好，并具有耐高温、耐污染、耐磨损、不怕虫蛀、阻燃、防静电、耐压、易清洗、安装方便等优点，可以直接铺设在地面防潮衬垫上，省工省时。但是强化（复合）木地板弹性比实木地板差，足感生硬。

强化（复合）木地板厚度约8mm，常用规格尺寸为（长）800~1300mm×（宽）120~200mm。强化（复合）木地板构造如图3-5所示。

（3）质量等级　强化（复合）木地板质量等级分为优等品、一等品、合格品。

（4）构造　强化（复合）木地板构造由四层组成：

1）第一层（耐磨层）主要由三氧化二铝组成，有很强的耐磨性和硬度，目前我国强化（复合）地板的转数大约6000~18000转。

2）第二层（装饰图案层）是一层经聚氨酯浸渍的纸张，纸上印刷有仿珍贵树种的木纹或其他图案。

3）第三层（基材层）是中密度或高密度的木质纤维层压板，经高温、高压处理，具有一定的防潮、阻燃和抗压作用。

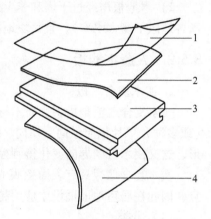

图3-5　强化木地板构造图
1—耐磨层　2—装饰图案层
3—基材层　4—防潮层

4）第四层（防潮层）是一层牛皮纸，有一定的强度和厚度，并浸以树脂，起到防潮及防地板变形作用。

（5）应用　强化（复合）木地板代替了实木地板，主要适用于办公室、写字楼、商场、健身房、车间等地面铺设。

3. 软木地板

软木是指生长在地中海沿岸的橡树，而软木地板的原料就是橡树的树皮。软木地板比实木地板更具环保性、隔声性，防潮效果也更好些，带给人极佳的脚感。软木地板柔软、安静、舒适、耐磨，对老人和小孩的意外摔倒，可提供极大的缓冲作用，其独有的吸声效果和保温性能也非常适合卧室、会议室、图书馆、录音棚等场所。

（1）分类

1）第一类：在软木地板表面作涂装，即在软木颗粒热压切割的软木层表面涂以清漆。根据漆种不同，又可分为三种，即高光、亚光和平光。

2）第二类：PVC贴面，即在软木地板表面覆盖PVC贴面，其结构通常为四层。表层采用PVC贴面，其厚度为0.45mm；第二层为天然软木装饰层，其厚度为0.8mm；第三层为胶结软木层，其厚度为1.8mm；最底层为应力平衡兼防水PVC层，此层很重要，若无此层，在制作时当材料热固后，PVC 表层冷却收缩，将使整片地板发生翘曲。

　　3）第三类：天然薄木片和软木复合的软木地板。

　　（2）应用　家庭居室使用可选择第一类。这一类软木地板质地纯净，虽表层仅 0.1～0.2mm 厚，但柔软、高强度的耐磨层不会影响软木各项优异性能的体现。同时因家庭使用比较仔细，因此，不会影响使用寿命，而且铺设方便，消费者只要揭掉隔离纸就可自己直接粘到干净干燥的水泥地上。

　　室内走道、商店、图书馆等人流量较大的公共场所，可选用第二、三类软木地板。因第二、三类材料表面有较厚（0.45mm）的柔性耐磨层，虽然砂粒会被带到软木地板表面，而且压入耐磨层后不会滑动，但当脚离开后砂粒就会被弹出，不会划破和影响地板表面耐磨层。

　　练功房、播音室、医院等适宜用橡胶软木作地板，其弹性、吸振、吸声、隔声等性能非常好。但通常橡胶有异味，因此，在地板表面覆盖 PU 或 PUA 高耐磨层作保护层，既消除橡胶异味，又保证地板表面耐磨。

　　（3）密度　软木地板密度一般分为三级：一级密度为 400～450kg/m³；二级密度为 450～500kg/m³；三级密度大于 500kg/m³。一般家庭可选用一级，若室内有重物，可选二级。密度越小，软木地板的弹性、保温、吸声、吸振等性能就越好。

　　（4）选择

　　1）选择时首先看地板砂光表面是否光滑，有无鼓凸颗粒，软木颗粒是否纯净。

　　2）地板长度方向是否平直。取四块相同的地板铺在玻璃或较平的地面上，拼装后观其是否合缝。

　　3）检验板面弯曲度。将地板两对角线合拢，观察其两板表面间是否出现缝隙，没有缝隙则为优质品。

　　4）胶合强度检验。将小块板方浸入热水中，若其砂光的表面起皱呈凹凸不平现象，则质量较差，优质品应无明显变化。

　　（5）维护保养　软木地板的保养比其他木地板简便，在使用过程中，应尽量避免砂粒带入室内，虽然个别砂粒带入，不会影响表面磨损，但带入太脏太多的砂粒，则会产生流动磨损，因此，带入室内的砂粒应及时清除。

　　若用于人流量较大场所的软木地板个别地方有磨损现象，可以采用局部弥补的方法，在局部磨损处重新添上涂层，即在磨损处轻轻用砂纸打磨，清除其面上的垢物，然后再用干软布轻轻擦拭干净，重新涂制涂层，或在局部覆贴聚酯薄膜。

　　4. 竹地板

　　竹地板是近几年才发展起来的一种新型建筑装饰材料，它以天然优质竹子为原料，经过二十几道工序，脱去竹子原浆汁，经高温高压拼压，再经过三层油漆，最后用红外线烘干而成。

　　竹地板有竹子的天然纹理，清新文雅，给人一种回归自然、高雅脱俗的感觉。它具有很多特点，竹地板以竹代木，具有木材的原有特色，而且竹在加工过程中，采用符合国家标准的优质胶种，可避免甲醛等物质对人体的危害。竹地板利用先进的设备和技术，通过对原竹进行二十几道工序的加工，兼具有原木地板的自然美感和陶瓷地砖的坚固耐用。

　　（1）分类

1）按结构分为多层胶合竹地板、竹木复合地板。

2）按外形分为条形、方形、菱形及六边形拼竹地板。

3）按颜色分为本色竹地板、漂白竹地板、深色竹地板（碳化竹地板）。

（2）特性　竹地板表面华丽高雅，足感舒适，物理力学性能与实木复合地板相似，湿胀干缩及稳定性优于实木地板。

（3）质量等级　竹地板的质量等级分为优等品、一等品、合格品。

（4）应用　竹地板是以竹代木的理想材料，用于室内地面装饰。

（5）选购

1）地板色泽。本色竹地板色泽为金黄色，通体透亮；碳化竹地板是古铜色或褐色，颜色均匀而有光泽感。

2）油漆质量。将竹地板置于光线明亮处，看其表面有无气泡、麻点、橘皮现象，漆面是否丰厚、饱满、平整。

3）材质。可用手掂和眼观等方法，若地板拿在手中较轻，说明采用的是嫩竹；若眼观其纹理模糊不清，说明此竹地板是较陈旧的竹材制成的。

4）竹地板结构是否对称平衡。从竹地板的两端断面观看是否符合对称平衡原则，若符合则结构稳定。

5）地板层与层之间胶合是否紧密。用两手掰，观其是否会出现分层。

6）加工精度。随机抽样检验竹地板加工精度，其方法是任意取多块地板放在平整面上，若榫、槽拼合紧密，缝隙符合规定要求，则地板加工精度质量得到保证。

（6）铺设　竹地板铺设与实木企口地板铺设方法相同，采用龙骨铺设法。

（7）维护保养

1）保持室内干湿度。竹地板虽经干燥处理，减少了尺寸的变化，但因其竹材是自然界材料，所以，它还会随气候干湿度变化而产生变形。

北方地区遇干燥季节，特别是开暖气时，室内应通过不同方法调节湿度，如采用加湿器或暖气罩上放盆水以增加室内湿度等；南方地区黄梅季节，需开窗通风，保持室内干燥。同时，铺设竹地板室内应尽量避免阳光暴晒和雨水淋湿，若遇水应及时擦干。

2）防止硬物撞击、利器划伤、金属摩擦等损坏竹地板漆面。

3）在日常使用过程中，保持地板面干净。

5. 活动地板

活动地板是以金属材料或特制刨花板为基材，表面覆以三聚氰胺装饰板再经胶粘剂胶合而成的一种架空地板。它配有特制的钢木梁、橡胶垫条以及可调节金属支架。

（1）分类　活动地板包括抗静电活动地板和不抗静电活动地板两类。

（2）特性

1）表面平整、坚实、耐磨、耐烫、耐老化、耐污染、耐燃、强度高。

2）安装、调试、清理、维修方便，可随意开启与拆迁。

3）抗静电活动地板具有良好的抗静电能力。

（3）应用　活动地板主要用于计算机房、通信部门、控制中心、实验室、电化教室、程控机房和要求较高的空调机房。

3.5.3 木装饰线条

木装饰线条是由天然木材经过切割加工和高温、高压、干燥等处理后的装饰材料，具有品种多、创意新、动感强的特点，是室内木装修施工中不可缺少的重要附件，它可以起到画龙点睛的作用。木装饰线条种类很多，主要有楼梯扶手、压边线、墙腰线、天花角线、弯线等。每类木装饰线条的立体造型各异，断面形状多样，如平线条、半圆线条、麻花线条、半圆饰、齿型饰、浮饰、弧饰、S 形饰、十字花饰、梅花饰、雕饰、叶形饰等。木装饰线条在装修空间起着"起、转、迎、合、分"的作用，自然流畅的属性，尽得巧妙体现。无论是镶板线、腰线、内角线，还是天花角线、踢脚线等都于突起中见风骨、凹陷间现阴柔。

建筑物室内采用木装饰线条，可增添古朴、高雅、亲切的美感。木装饰线条主要用做建筑物室内墙面的墙腰饰线、墙面洞口装饰线、护壁板和勒脚的压条饰线、门框装饰线、顶棚装饰角线、栏杆扶手镶边、门窗和家具的镶边等。在我国的园林建筑和宫殿式古建筑的修建工程中，木装饰线条更是一种必不可少的装饰材料。木天花角线如图 3-6 所示，木装饰压边线如图 3-7 所示。

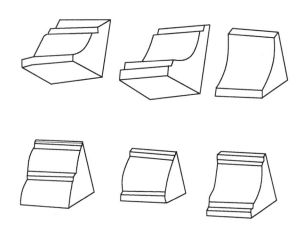

图 3-6 木天花角线

1. 选择木装饰线条的要点

1）木装饰线条的加工质量是装饰效果的关键。应选光洁、平实、顺滑、无毛刺、无刀痕、无虫眼节疤者。

2）根据装修中"压线，填线"的需要进行选择，或厚重、或柔细。

3）木装饰线条使用不宜过于繁杂，讲究实用、美观、合理。

4）按面板选木装饰线条，水曲柳面板应压水曲柳木装饰线条；色泽黄白的面板用白木或椴木装饰线条；深红色面板可选红榉木装饰线条；室内吊顶用普通板饰面，可选椴木装饰线条。

2. 用木装饰线条收口

1）用木装饰线条收口可以丰富装饰面的造型，使装饰面更加完美。

2）收口部位一般是在墙与顶之间，墙裙与踢脚板之间，板与板之间，不同材料饰面之间，以及阴阳角部位等。收口材料应选择与饰面材料相同的木装饰线条，墙与顶之间可选择

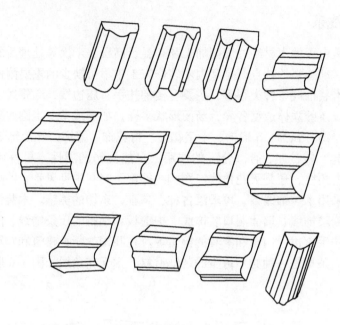

图 3-7　木装饰压边线

较宽的木角线（石膏线条也可以）。不同饰面之间可用凸圆形线条（也可用金属线条）。

3）木装饰线条一般采用胶粘剂固定，然后再钉圆钉或枪钉。圆钉钉头要打扁，钉的位置应在木装饰线条的凹槽部位或背视线的一侧。半圆木条高度小于 1.6m 时，钉在圆线条偏下部；大于 1.7m 时，钉在圆线条的偏上部。

4）木装饰线条的对拼方式应采取 45°角拼，其角锯口不能有毛边。对接面涂胶接口，要求光滑、顺直，不能有错位现象，其自身对口位置应错开人的视平线，放在不显眼的位置。

5）收口线收在转角，转角处应连接贯通，圆滑自然，顺直平整，不得有断头、错位，线条宽度应一致，要有头有尾，首尾相接，形成封闭的线条框。

6）收口时如有弧形需要，可直接用圆弧形线条，如要自制，则应将直线条的一侧每隔 1cm 锯一个锯口，然后逐渐将直线条弯成弧线。

3.5.4　防腐木材制品

防腐木材是指通过水性防腐剂将木材中的木质纤维转变为微生物、细菌、白蚁、昆虫等无法食用的物质，使木材清洁、无臭，可长时间暴露在恶劣的室内外环境之中，同时又不会失去木材的天然属性，具有优良的强度、韧性和防腐、防水功能。

防腐木材可用于建造景观花架、小桥、栅栏、亲水码头、休闲步道、阳台、露台、凉亭、门廊等。

3.5.5　人造板材

我国木材资源有限，充分利用小规格材、碎材、废材，生产制造各种人造板材是装饰材料的主要发展方向。装饰装修常用木制人造板材品种见表 3-4。人造板材构造如图 3-8 所示。

表 3-4 常用木制人造板材品种

项 次	名 称	规格（$\frac{长}{mm} \times \frac{宽}{mm} \times \frac{厚}{mm}$）
1	普通三夹板（柳桉心）	$2440 \times 1220 \times 3$
2	普通三夹板（杨木心）	$2440 \times 1220 \times 3$
3	黑檀木三夹板（柳桉心）	$2440 \times 1220 \times 3$
4	黑胡桃三夹板（柳桉心）	$2440 \times 1220 \times 3$
5	泰柚三夹板（柳桉心）	$2440 \times 1220 \times 3$
6	樱桃木三夹板（柳桉心）	$2440 \times 1220 \times 3$
7	红榉木三夹板（柳桉心）	$2440 \times 1220 \times 3$
8	柳桉木三夹板（柳桉心）	$2440 \times 1220 \times 3$
9	五夹板（柳桉心）	$2440 \times 1220 \times 5$
10	九夹板（柳桉心）	$2440 \times 1220 \times 9$
11	十二夹板（杨木心）	$2440 \times 1220 \times 12$
12	十五夹板（杨木心）	$2440 \times 1220 \times 15$
13	红柳浮雕板	$2700 \times 1220 \times 3.2$
14	密度波浪装饰板	$2440 \times 1220 \times 18$
15	15 厚细木工板（杉木心）	$2440 \times 1220 \times 15$
16	18 厚细木工板（杉木心）	$2440 \times 1220 \times 18$
17	20 厚细木工板（杉木心）	$2440 \times 1220 \times 20$
18	15 厚中密度板	$2440 \times 1220 \times 15$
19	18 厚中密度板	$2440 \times 1220 \times 18$
20	纤维板	$2150 \times 1000 \times 4$

1. 胶合板

用数层（一般为 3，5，7，…，15 层，奇数层）原木切的片，使其上、下层纤维互相垂直叠放，热压胶合成板。胶合板克服了木材各向异性的缺点，加工过程中也去除了木材的疵病。胶合板分类及适用范围见表 3-5。

表 3-5 胶合板的分类及适用范围

分 类	名 称	阔叶树普通胶合板适用范围	松木普通胶合板适用范围
Ⅰ类	（NQF）耐气候胶合板	室外工程	室外长期使用工程
Ⅱ类	（NS）耐水胶合板	室外工程	潮湿环境下使用的工程
Ⅲ类	（NC）耐潮胶合板	室内工程，一般常态下使用	室内工程
Ⅳ类	（BNC）不耐潮胶合板	室内工程，一般常态下使用	室内工程（干燥环境下使用）

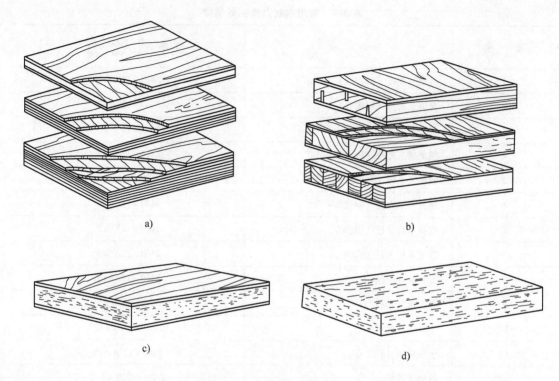

图3-8 人造板材构造

a) 胶合板 b) 细木工板 c) 刨花板 d) 纤维板

（1）分类

1）按单板层数分为三夹板、五夹板、九夹板等。

2）按原木种类分为针叶树胶合板和阔叶树胶合板。

3）按耐水性能分为Ⅰ、Ⅱ、Ⅲ、Ⅳ类胶合板。

4）按表面装饰分为普通胶合板和饰面胶合板。

（2）特性 胶合板提高了木材的利用率，材质均匀，不易变形、翘曲、开裂，幅面大，易于加工。加工时除去疵病，花纹自然装饰性好。尤其是微薄木贴面胶合板更是一种高级装饰材料。

（3）质量等级 胶合板质量等级分为一等、二等、三等。

（4）含水率 Ⅰ类、Ⅱ类胶合板为6%～14%；Ⅲ类、Ⅳ类胶合板为8%～16%。

（5）外观质量要求 不允许有脱胶、鼓泡和明显边角缺损等现象，板中不得留有影响使用的夹杂物，翘曲度不超过1%～2%。

（6）环保控制指标 按《室内装饰材料 人造板及其制品中甲醛释放限量》强制性标准规定。胶合板、装饰单面贴面胶合板、细木工板均按甲醛释放限定了分类使用范围。

E_1类：可以直接用于室内，Ⅰ类民用建筑工程室内装修必须采用E_1类人造板。

E_2类：Ⅱ类民用建筑工程室内装修宜采用E_1类，当有用E_2类时，直接暴露于空气的部位应进行表面涂覆密封处理。

（7）用途 胶合板主要用于内墙装饰、隔墙罩面、顶棚板、门面板、家具和制作复合地板等。

（8）规格尺寸　1220mm×2440mm

2. 微薄木贴面胶合板

微薄木贴面胶合板又称饰面胶合板，它是将珍贵的树种（如柚木、胡桃木、柳桉等）经过精密加工，制成厚度为 0.2～0.5mm 的微薄木，再以胶合板为基材，用胶粘剂经胶粘工艺加工而成的板材。

（1）特性　既具有普通胶合板的特点，又具有比普通胶合板更美丽的木材花纹。

（2）用途　微薄木贴面胶合板可用于高级建筑内部装修、墙裙、门、橱、家具的饰面，车船内部装修以及乐器等制作。

3. 花纹人造板

花纹纸贴面人造饰面板，如宝丽板（又称华丽板）、富丽板；印刷人造板，如印刷木纹胶合板、印刷木纹纤维板、印刷木纹刨花板等。

4. 细木工板（大芯板）

细木工板属于特种胶合板，芯板用木条拼接而成，上、下面层用三夹板或木质单板胶粘热压而成的实心板材。常用规格尺寸为 2440mm×1220mm，厚度为 12mm、15mm、18mm、20mm、22mm、25mm 等。

（1）分类

1）按胶粘剂不同分为Ⅰ类胶细木工板、Ⅱ类胶细木工板。

2）按甲醛释放量分为 E_1 类、E_2 类，与胶合板的指标及限量使用范围相同。

（2）特性

1）质地坚硬，花纹美观，隔声隔热，材质均匀。

2）充分利用木材小料制造大幅面板，提高木材使用率。

（3）质量等级　细木工板质量等级分为一等、二等、三等。

（4）用途　细木工板用于家具、护墙板、隔断、吊顶、门窗套、窗台板、船舶车厢等装饰，制造复合地板。

5. 纤维板

纤维板是用木材或植物纤维为原料，经破碎、浸泡、磨浆等工艺，再加胶粘热压而成的人造板材。

（1）分类

1）硬质纤维板（高密度板）。

2）半硬质纤维板（中密度板）。

3）软质纤维板（低密度板）。

（2）质量等级

1）按外观分为一等、二等、三等。

2）按甲醛释放限量分 E_1、E_2 两类，限定的使用范围与胶合板相同。

（3）特性

1）材质构造均匀，各向强度一致，抗弯强度高，耐腐，不易胀缩和翘曲变形，幅面大，绝热性好。

2）优质纤维板表面光滑、平整、无缺陷（如死节、挖补、腐朽、漏胶等）。

（4）用途　硬质纤维板用于室内壁板、门板、家具、复合地板等；半硬质纤维板可作顶棚吸声材料；软质纤维板可作保温绝热材料。

6. 刨花板

木制刨花板是用刨花、木屑、木废料，经胶粘热压而成的人造板材。

（1）分类

1）按材质分为木质刨花板、甘蔗刨花板、亚麻屑刨花板、棉杆刨花板、竹材刨花板、石膏刨花板。

2）木质刨花板按表观密度分为高密度刨花板、中密度刨花板、低密度刨花板。

3）木质刨花板按胶种分为蛋白胶刨花板、酚醛胶刨花板或脲醛胶刨花板。

4）刨花板根据甲醛释放限量分 E_1 和 E_2 两类，其细则要求及限定使用范围与纤维板相同。

（2）用途　刨花板具有保温吸声性能，通常用于顶棚、墙面、隔断等部位及强化木地板的芯板。饰面刨花板可直接作为装饰应用。

3.6 人造板材选用

3.6.1 细木工板选用

1）最好选择机拼板。细木工板的中间夹层为实木方，制作时有手工拼装和机器拼装两种，机器拼装的板材拼缝更均匀，中间夹板的木方间距越小越好，最大不能超过 3mm，检验时可锯开一段板。

2）中间夹层的材质最好的为杨木和松木，不能是硬杂木，因为硬杂木不"吃钉"。

3）优质的细木工板是双面砂光，用手摸时手感非常光滑。无缺陷，如死结、挖补、漏胶等，中板厚度均匀，无重叠、离缝现象，芯板的品节紧密，特别是细木工板两端不能有干裂现象。整包的细木工板每张板之间应完全贴合。

4）优质细木工板为蒸汽烘干，含水率可达到国家标准，劣质细木工板含水率常不能达标。

5）细木工板是用胶复合而成，胶的成分主要是甲醛，其含量应低于 50mg/kg。

6）抬起一张细木工板的一端，掂一下，优质的细木工板应有一种整体感、厚重感。

3.6.2 贴面胶合板选用

1）人造薄木贴面的纹理基本为通直纹理，纹理图案有规则；而天然木质板为天然木质花纹，纹理图案自然清晰，变异比较大、无规则。

2）装饰板外观应有较好的美感，材质应细腻均匀、色泽清晰、木纹美观，配板与拼花的纹理应按一定规律排列，木色相近，拼缝与板边近乎平行。

3）选择的装饰板表面应光洁，无毛刺沟痕和刨刀痕；应无透胶现象和板面污染现象（如局部发黄、发黑现象）；应尽量挑选表面无裂纹裂缝，无节子、夹皮，无树脂囊和树胶道；整张板的自然翘曲度应尽量小，避免由于砂光工艺操作不当基材透露出来的砂透现象。

4）胶层结构稳定，无开胶现象，应注意表面单板与基材之间、基材内部各层之间不能出现鼓包、分层现象。

5）刀撬法检验胶合强度是最直观的方法，用锋利平口刀片沿胶层撬开。如果胶层被破坏，说明胶合强度较差。

6）要选择甲醛释放量低的板材，应避免具有刺激性气味的装饰板。气味越大，说明甲醛释放量越高，污染越厉害，危害性越大。

7）选择有明确生产企业的厂名、厂址、商标的产品。

3.6.3　胶合板选用

1）胶合板有正反两面的区别，挑选时，胶合板要木纹清晰，正面光洁平滑，不毛糙，要平整无滞手感。

2）胶合板不应有破损、碰伤、硬伤、疤节等疵点。

3）胶合板应无脱胶现象。

4）有的胶合板是将两个不同纹路的单板贴在一起制成的，所以在选择上要注意胶合板拼缝处应严密，没有高低不平现象。

5）挑选胶合板时，应注意挑选不散胶的板。如果手敲胶合板各部位时，声音发脆，则证明质量良好，若声音发闷，则表示胶合板已出现散胶现象。

6）挑选胶合饰面板时，还要注意颜色统一、纹理一致，并且木材色泽与家具油漆颜色相协调。

3.6.4　纤维板选用

1）厚度均匀，板面平整、光滑，没有污渍、水渍、粘迹。四周板面细密、结实、不起毛边。

2）含水率低，吸湿性小。

3）用手敲击板面时，声音清脆悦耳，均匀的纤维板质量较好；声音发闷，则可能有散胶现象。

3.7　木材制品的应用

3.7.1　木材制品的应用方式

1. 胶合板木踢脚板制作

踢脚板过去常用硬木制作，为了节约木材，而且施工简便、省力，且平整美观，现一般用胶合板饰面，其制作方法如下：

1）墙体水泥砂浆抹面，保持基层平整及一定的强度。

2）用细木工板打底。首先在墙上钻孔打入木楔，然后将细木工板用螺钉与木楔连接，钉帽应钻入木板内2mm。

3）将裁好的饰面胶合板（硬木三夹板）用胶水粘贴在细木工板上。

4）踢脚板上口安装木压条并用钉子固定（钉帽应砸扁并冲入木料1mm）。

5）胶合板面油漆。木踢脚板高度一般为120～150mm。

2. 木隔墙制作

木隔墙是建筑室内空间的轻质隔墙形式之一，木隔墙主要有单层和双层两种形式，其制作方法如下：

1）单层木隔墙。用50mm×80mm或50mm×100mm的木方制作成框架竖立在顶棚和地面及两侧墙面之间，并用螺栓固定牢固，框架横向分格木方规格为50mm×50mm或50mm×80mm，然后再用五夹板封住木框架两面，形成简易的木隔墙。

2）双层木隔墙。用35mm×40mm带凹槽木方做成两片骨架的框体，再将两个框体用木方横杆相连接，其墙体厚度一般可为150mm。安装时先沿四周墙面、地面和顶面钻孔打入木楔，然后用螺钉固定木骨架框体，再用五夹板封面。对于半高的木隔断来说，主要是靠与地面和两侧墙面之间来固定。

3. 墙面木龙骨制作

为了把装饰面板复贴到墙面，以增加室内的实用性和装饰性，需先在墙面安装木方骨架（即固定饰面板的基层结构）。

1）制作条件。通过墙面的各类线路、管道等隐蔽工程均应铺设到位，水泥砂浆基层墙面修理平整，可用线垂法或直尺检查墙面的垂直度和平整度。若室内做吊平顶，宜在吊顶的龙骨架安装完后，进行墙身木龙骨的安装。

2）放样弹线。按木龙骨分档尺寸，在墙面上弹出分格线及标高线。全高木护墙根据房间四角和上、下龙骨先找平、找直，然后按饰面板分块大小合理安排龙骨，由上往下弹好横竖龙骨位置线。门窗的筒子板可根据门窗尺寸的大小分档，小于1m的边可设2档龙骨，2m以内的边可设3～4档龙骨。木护墙没有主、次龙骨之分。

3）拼装木龙骨架。通常用20mm×30mm带凹槽的木方作为墙面龙骨，该木龙骨架可在地面上进行分片拼装，拼装框体规格根据设计要求，一般为300mm×300mm或300mm×400mm。

4）钻孔、打木楔。用φ12～φ16冲击钻头在墙面上钻孔，孔位要在弹线交叉点上，孔距400～600mm，深度不小于60mm，然后在孔中打入木楔（潮湿墙面需进行防潮处理，木楔及木骨架应作防腐处理）。

5）固定木骨架。将木骨架立起后靠在墙面上，检查木骨架垂直度，用水平直线法检查木骨架的平整度，然后将符合要求的木骨架固定。观察木骨架与墙面是否有缝隙，如有缝隙应用木片垫实，然后用圆钉将木龙骨与木楔钉牢。面板厚度为10mm时，木骨架间距不大于600mm；面板厚度为5mm时，木骨架间距不大于400mm。木骨架横档位置必须与预埋木楔重合，骨架要平整牢固，表面刨平。安装木骨架时，一般顺序为先上端后两侧，先大面后小面。木龙骨墙身安装好后便可安装饰面板。

4. 墙面（木龙骨基层）木饰面板制作

墙面木饰面板材料有原木板材、胶合板等，制作方法如下：

1）裁板。裁好的板要略大于龙骨架的实际尺寸，大面净光，小面刨直，木纹根部向下。长度方向需对接时，花纹应通顺，接头位置应避开视线平视范围，一般窗筒子板拼缝应在离地面2m以上，木护墙及门筒子板拼缝一般在离地1.2m以下。拼缝位置应设在横撑上。木夹板正面四边刨出45°倒角，倒角宽约3mm。

2）用枪钉把木饰面板固定在木龙骨上，钉距100mm左右。如用圆钉（长度约为板材厚度的 2~2.5 倍），应先将钉头敲入木夹板平面以内 1mm。

3）使用原木板作饰面时，板的背面应做卸力槽，卸力槽间距一般为 100mm，槽宽为 10mm，深度为 5mm。

4）大面积墙面进行饰面时，应作接缝处理，常见的有明缝、阶梯缝和压条缝等处理方式。缝槽可做成 6~10mm 的平槽或八字槽，槽的位置应留在竖龙骨上。

5. 木墙面板上粘贴薄木或微薄木

薄木或微薄木是经刨切加工成厚薄均匀、具有天然木纹的薄木片。用薄木或微薄木装饰木板墙面，可以使其具有酷似天然木材的装饰效果。

薄木的厚度一般为 0.2~0.3mm，而微薄木的厚度一般为 0.05~0.2mm。为了增加强度，背面用增强衬纸复合，其粘贴方式如下：

1）基层处理。要求基层板面平整，有凹陷处用腻子嵌平，并用砂纸打磨整平，再用清漆（硝基清漆用稀释剂稀释）满刷一遍。

2）准备工作。量出木墙面的尺寸，如用薄木则需进行修边，使两片薄木片接缝时能紧密吻合；微薄木在粘贴前，可先将其铺放在一块平整的板面上，用清水喷洒，以防微薄木在粘贴后产生卷曲。喷水后的微薄木应晾至九成干后方能粘贴。

3）涂胶。用于薄木或微薄木粘贴的胶粘剂很多，如脲醛树脂胶、白乳胶、皮胶和骨胶等。用干净的漆刷涂刷胶液，均匀地涂于薄木或微薄木的背向和被粘贴的基层表面，涂胶后晾 10~15min，当被粘贴表面胶液呈半干状态时，便可将薄木或微薄木贴于基层上。

4）粘贴。粘贴时一只手拿住微薄木上端，另一只手按垂直线逐步将微薄木对正、贴平、压实，然后再双手向另一侧赶平。切忌将整张微薄木横向粘贴，这样做容易产生起壳的毛病。贴平后，随手用干净的毛巾铺在微薄木表面，双手用力赶压，以使其紧地地粘贴在基层表面上，并将残留在微薄木下面的气体、多余的胶液挤出，挤出的胶液应立即用湿毛巾擦掉。对于拼缝部分，可在粘贴后用电熨斗以 60℃ 左右的温度垫上湿布进行熨烫，压平压服帖，缝口不得有"张口"现象。在粘贴过程中，若遇到曲面及转角等部位，可不必裁剪，直接按顺序顺势粘贴过去即可。因为微薄木是一种柔性的饰面材料，可以进行成形粘贴，施工时应特别注意和仔细操作。

5）涂漆。微薄木贴完后，应晾置 1~2d，待胶液完全干燥即可进行涂漆施工。由于微薄木、薄木是用各类树种加工而成，其材质细腻，木纹清晰，因此应采用能显露木纹的透明涂饰方法。

6. 木门套制作

1）在门洞口侧墙上打木楔，安装小木档，用五夹板或细木板封住作为装饰面板的基层。由于门框总是与一边墙面齐平，故木门洞封板只要封到门框边为止。

2）木门洞封完基层板后，再用装饰三夹板及 5~10cm 宽的木质贴脸线条封在两边墙上，形成完整的木门套。

3）门套上端可做成平直式或弧形，并按设计要求配置粗细相间的木线条，门套贴面板材质和颜色一般与门同。

4）木门套做好后再安装木门扇。

7. 制作和安装吊顶木龙骨

用木材做吊顶龙骨，操作简便，且造型可灵活变化，是室内装饰装修常用的方法。

1）放样弹线。在四周墙面上弹出标高线，以控制顶棚的平面高度。顶棚造型位置线、吊挂点布局线、灯具位置线等其他线弹在楼板底面。

2）确定吊点位置。平面吊顶的吊点，一般每平方米布置1个吊点；叠级造型的吊顶应在叠级交界处布置吊点，两吊点间距0.8~1.2m。若吊顶需吊挂较大灯具或其他较重的电器，应单独设置吊点吊挂。如果吊顶要上人的，则吊点要加密加固。

3）钻孔固定木方。用冲击电钻在楼板底面按吊点的位置打孔，然后用膨胀螺栓牢牢地固定木方，木方截面尺寸为4cm×5cm。

4）固定顶棚标高线沿墙木龙骨。首先在沿墙木龙骨上钻小孔，再用水泥钉通过小孔将木龙骨固定在墙上，或事先在墙上用冲击钻在标高线以上1cm处打φ12mm孔设木楔子，木楔子间距为0.5~0.8m。然后将木龙骨用钉固定在埋入墙内的木楔子上。

5）拼装木龙骨框架片。先将木龙骨按已确定的尺寸开出凹槽，然后按凹槽对凹槽的方法拼接成网状木龙骨框架，接口处用胶水和圆钉固定。

6）分片吊装木龙骨框架片。先把木龙骨框架片托起用铅丝在吊点上临时固定，然后拉平面基准线，将木龙骨调平后，用圆钉与沿墙木龙骨钉接，再用吊撑与吊点木方固定。

7）对于叠级木吊顶一般先从离地最高平面开始，用一根木方用斜拉的办法将上下两平面木骨暂时定位，尺寸量准后再将上下平面的木骨架用垂直的木方条固定连接。

8）根据安装灯具、电器的需要敷设电线，同时将电线穿入电线管作保护，对于吊顶上需要安装灯光盘、空调、风口、检修口等位置，都应根据图样要求位置预留，并在预留位置的龙骨架上用木方加固或收边。

9）找平。保证已安装完的顶棚木龙骨框架片的牢固、稳定和平整。对于吊顶向下凸或向上凹的部位，需要调整吊撑的固定位置（收紧或放松）。

10）防火处理。木材是一种容易燃烧的材料，为了达到防火要求，木龙骨及木方等均应事先涂刷防火涂料2~3遍。

8. 木龙骨吊顶上安装饰面板

木龙骨吊顶的人造木制饰面板主要有木夹板（胶合板）、石膏装饰板、纤维板、塑料扣板等。

（1）安装木夹板

1）材料选购。木龙骨吊顶的饰面木夹板材料一般选用五夹板，3mm以下的木夹板由于较薄，极易受高温和湿度影响而产生凹凸变形，故不宜采用。

2）板面弹线。按木龙骨分格的中心线尺寸用铅笔或粉线在木夹板正面上弹线（不能用墨线），以保证木夹板与木龙骨固定时钉齐，不落空当。若要预留各种孔洞，也应用铅笔画线并裁割好。

3）板面倒角。用细刨按45°在木夹板四周刨出斜角，宽度为2~3mm，以便在嵌缝时可将板缝严密补实。

4）防火处理。木夹板背面应用防火涂料涂刷2~3遍，晾干后备用。

5）钉装木夹板。目前常采用长为15~20mm的枪钉固定（气钉枪操作），也可用钉头打扁的2~2.6cm长的钉子固定（手工操作）。拼板时最好整板居中，分割板布置在两侧。大面积铺板应错缝拼接，钉距在15cm左右，钉头应沉入木夹板内1mm。

6）收口。木夹板钉装后还要用木线条收口、收边。如要打方格子压条，要将木压条按设计尺寸钉压在饰面板上，钉子应钉在木龙骨上。

（2）安装其他饰面板

1）材料。其他饰面板包括石膏装饰板、纤维板、塑料扣板等。石膏装饰板、纤维板等一般都制成 50cm×50cm、60cm×60cm 的方形板，塑料扣板为条形（各种规格的成品板）。

2）安装。石膏装饰板、纤维板等较厚，一般用镀锌自攻螺钉与木龙骨固定，钉眼用油漆点涂并用石膏腻子点盖找平。塑料扣板可用 2~2.6cm 长的钉子固定。

9. 顶棚饰面板的接缝处理

顶棚面层板材根据龙骨的形式和面层特点有以下几种处理方法。

1）对缝。板与板在龙骨处对接，板与龙骨大多是采用粘、钉的办法。若处理不当，对缝处易产生不平现象。一般钉钉的间距不超过 20cm 或用粘结剂粘紧，并对不平处用腻子进行修补平整。

2）凹缝。在两板接缝处利用面板的形状和长短做出凹缝，凹缝有 V 形和 U 形两种，由板的形状形成的凹缝可不必另外处理，利用板的厚度形成的凹缝中可刷涂颜色，以强调顶棚线条和立体感，也可加金属饰条增强装饰效果。凹缝一般在 10mm 左右或由设计而定。

3）盖缝。为使板缝不直接外露，可用压条（木、金属均可）将板缝盖住，这样可避免接缝宽窄不匀现象。

10. 实木地板铺设

实木地板下面铺设木搁栅（木龙骨）是最常用的做法，能充分体现舒适、有弹性、防潮、隔声、隔热、保温效果好等特点，是较理想的一种地面装饰装修方法。

1）设置埋件或打木楔。建房时应将埋件预埋入楼（地）面的混凝土基层中，埋件间隔与木搁栅相适应，一般为 30cm 或 25cm，埋件中距不应大于 60cm。若原房未设置预埋件需二次装修，则首先应在混凝土基层中用冲击电钻钻孔，并埋入木楔。

2）做防潮层。底层房间必须做防潮层，即在混凝土基层上刷冷底子油一道、热沥青一道或一毡二油或涂刷防水涂料；楼层可铺设塑料薄膜。

3）弹标高线。在墙四周弹出木地板面标高线，以控制木搁栅顶面的高度。

4）设置木搁栅。木搁栅中距不大于 60cm，原设置预埋件的，则木搁栅与埋件用双股 12 号镀锌铅丝绑牢，在绑扎处的木搁栅上要做凹槽，以保证铺设木地板时平齐；原未设置预埋件而用埋入木楔的，则用钉子把木搁栅与木楔固定。木搁栅必须保证牢固、稳定、平整。

5）填保温、隔声材料。若对室内房间有保温、隔声要求，则需在木搁栅之间填干炉渣、矿棉毡等保温、隔声材料，厚度为 4cm，并保持与地板有一定的间隙。

6）钉毛板。这是双层铺设木地板的做法，若单层木地板铺设可以省掉这道工序。钉毛板要在保温和隔声材料干燥后进行。采用人字拼花地板时，可与搁栅垂直铺设。毛板宜用钉子与木搁栅钉牢。

7）铺面层木地板。面层板采用条形企口木地板。铺设顺序为由一端墙边开始逐行逐块铺钉。面板与毛板之间可垫一层塑料薄膜防潮纸。为使企口吻合，应在铺钉时用有企口的硬木套于木地板企口上，用锤敲打，使拼缝严实。面层木板与毛板用暗钉连接。

8）刨平（或磨光）油漆。木地板（面层未油漆过的素板）铺完后，应用刨子将地板刨平，并用木砂纸磨光，也可用电刨刨平，然后用磨光机顺木纹磨光，最后板面涂饰耐磨漆。

若面层是已油漆过的漆板（成品木地板）则可省去此道工序。

11. 复合地板铺设

1）基层处理。地面必须平整，并具有一定的强度和硬度，一般复合地板铺设在水泥砂浆地面上。同时，地面还必须干净、干燥，如果地面本身不防潮，就应在地板下铺设一层聚乙烯泡沫薄膜防潮纸。

2）铺设地板。为了达到较好的视觉效果，可将地板长度方向铺成与窗外光线平行。在铺设第一块板时地板的槽口应对墙，并用木楔块预留出10mm伸缩缝。照此方法，将紧靠墙的一行安装到最后一块板时，取一块整板，与前一块板榫头相对并行放置，靠墙端留10mm伸缩缝，划线后锯下安装到行尾。从第二行开始，榫槽内应均匀地涂上地板专用胶水（第一行不涂胶水），当地板装上之后，用湿布及时将溢出的胶水擦去。用锤子与木植小心将地板轻敲到位。按上述方法，继续铺第三行、第四行……直到最后一行时，取一块整板，放在装好的地板上，上下对齐，再取另一块地板，放在这块板上，一端靠墙（仍需留出10mm伸缩缝），划线，并沿线锯下，即为所需长度的地板。将此块地板在槽内涂上地板专用胶水，放好木楔块，将地板挤入。安装完毕，2h后撤出木楔块。

3）安装踢脚板。复合地板踢脚板高度一般为80~100mm，踢脚板不仅盖住了四周复合地板与墙面的伸缩缝，而且使室内更加美观。木制踢脚板可采用圆钉固定，塑料踢脚板用胶粘剂粘结固定。

12. 实木地板保养

1）保持地板干燥、清洁，避免与大量的水接触。不允许用碱水、肥皂水等腐蚀性液体擦洗，以免损坏油漆膜。可以用拧干的纯棉拖把擦拭；如遇污迹用钢丝绒摩擦，不可用湿拖布、汽油、易燃物品和高温液体进行擦拭。

2）每隔一段时间打一次蜡，时间间隔视地板漆面光洁度而定。方法是先用半干的抹布擦干净地板并上蜡，均匀地涂抹在地板表面并使其"浸透"。等稍干后，用干的软布在地板上来回擦拭，直到平滑透亮为止。

3）如果不小心将水洒在地面上时，必须及时用干的软布擦干净，擦干净后不能直接让太阳暴晒或用电炉烘烤，以免干燥过快，地板干裂。

4）铺装完的地板应尽量减少太阳直晒，以免油漆经紫外线照射提前干裂和老化。

5）不要把烟头或火柴等火种随手扔在地板上，以免烧焦地板表面。避免被锋利、尖锐物品划花或被重的物品长时间重压。

6）铺好的地板如长期不居住，切忌用塑料布或报纸盖上，时间一长漆膜会发粘，失去光泽。同时切忌用温度很高的物体直接接触地板。

7）刚铺好地板时应经常开窗通风，既保证了室内空气的清新，又能散发室内的湿气。

13. 实木复合地板保养

1）保持地板干燥、清洁，不允许用滴水的拖把拖地板，或用碱水、肥皂水擦地板，以免破坏油漆表面的光泽；若空气干燥，可以在室内放一盆水或用加湿器增湿。

2）尽量避免阳光暴晒，以免表面油漆长期在紫外线的照射下提前老化、开裂。

3）局部板面不慎染污迹应及时清除，若有油污，可用抹布蘸温水及少量洗衣粉擦拭，若是药物或颜料，必须在污迹渗入木质表层前加以清除。

4）地板尽量避免与水长时间接触，特别是不能与热水接触，因此，一旦有水洒在地板上，要及时擦干。

14. 强化复合木地板保养

1）安装完毕后 24h 内尽量减少走动，至少 48h 后方可搬入重物。

2）清洁地板时，应用吸尘器或拧干的抹布擦拭，不得用水冲洗。

3）外出时关好门窗，以防止雨水淋湿地板。如不慎将水洒在地板上，应及时擦干。

4）特殊污渍用柔和中性清洁剂和温水擦拭，不得用钢丝球或酸、碱清洁地板。

5）建议在门口放置一块蹭脚垫，以减少沙土对地板的磨损。

6）切勿用砂纸打磨或涂漆地板表面。

7）搬运家具不宜拖拉，不要用铁制家具腿直接接触地板表面。

8）可在桌椅凳等与地板接触的地方加上缓冲垫，以减低摩擦地板的程度。

3.7.2　木材制品的应用要点

1. 木踢脚线安装要点

1）踢脚线的厚度应盖住地板与墙间的伸缩缝，并与门套基本齐平，否则应作坡度处理。

2）木踢脚线制作时墙面应保证基本平整，不平之处应用小木块垫平。

3）踢脚线固定饰面板时底面应涂白乳胶，用气钉固定时，应自一端固定后再按顺序固定至末端，若两端固定后再向中间，容易造成中间起鼓和应力过大。

4）饰面板颜色应基本保持一致。

5）踢脚线的收口角线也应先固定一端然后顺延至末端，宽度应能盖住踢脚线的厚度。

2. 实木地板铺设要点

1）基层平整度误差不得大于 5mm。

2）铺设前应对基层进行防潮处理，防潮层宜涂刷防水涂料或铺设塑料薄膜。

3）铺设前应对地板进行选配，宜将纹理、颜色接近的地板集中在一个房间或部位使用。

4）木龙骨（50mm×60mm）应与基层连接牢固，固定点间距不得大于 600mm。

5）毛地板应与龙骨成 30°或 45°铺钉，板缝应为 2~3mm，相邻板的接缝应错开。

6）在龙骨上直接铺装地板时，主次龙骨的间距应根据地板的长宽模数计算确定，地板接缝应在龙骨的中线上。

7）地板钉长度宜为板厚的 2.5 倍，钉帽应砸扁，固定时应从凸榫边 30°角倾斜钉入。硬木地板应先钻孔，孔径应略小于地板钉直径。

8）毛地板及地板与墙之间应留有 8~10mm 的缝隙。

9）地板磨光时应先刨后磨，磨削应顺木纹方向，磨削总量应控制在 0.3~0.8mm 内。

10）单层直铺地板的基层必须平整、无油污。铺贴前应在基层刷一层薄而匀的底胶以提高粘结力。铺贴时基层和地板背面应刷胶，待不粘手后再进行铺贴。拼板时应用锤子垫木块敲打紧密，板缝不得大于 0.3mm。溢出的胶液应及时清理干净。

3. 强化复合地板铺设要点

1）防潮垫层应满铺平整，接缝处不得叠压。

2）安装第一排时应凹槽面靠墙。地板与墙之间应留有 8~10mm 的缝隙。

3）房间长度或宽度超过 8m 时，应在适当位置设置伸缩缝。

4. 木隔墙制作要点

1）木龙骨的横截面积及纵、横向间距应符合设计要求。

2）骨架横、竖龙骨宜采用开半榫、加胶、加钉连接。

3）安装饰面板前应对龙骨进行防火处理。

4）骨架隔墙在安装饰面板前应检查骨架的牢固程度，以及墙内设备管线及填充材料的安装是否符合设计要求，如有不符合处应采取措施。

5）胶合板安装前应对板背面进行防火处理。

6）胶合板用木压条固定时，固定点间距不应大于200mm。

5. 木门窗套制作要点

1）门窗洞口应方正垂直，预埋木砖应符合设计要求，并应进行防腐处理。

2）根据洞口尺寸、门窗中心线和位置线，用方木制成搁栅骨架并应做防腐处理，横撑位置必须与预埋件位置重合。

3）搁栅骨架应平整牢固，表面刨平。安装搁栅骨架应方正，除预留出板面厚度外，搁栅骨架与木砖间的间隙应垫以木垫，连接牢固。安装洞口搁栅骨架时，一般顺序为先上端后两侧，洞口上部骨架应与紧固件连接牢固。

4）与墙对应的基层板板面应进行防腐处理，基层板安装应牢固。

5）饰面板颜色、花纹应协调。板面应略大于搁栅骨架，大面应净光，小面应刮直。木纹根部应向下，长度方向需要对接时，花纹应通顺，其接头位置应避开视线平视范围，宜在室内地面2m以上或1.2m以下，接头应留在横撑上。

6）贴脸、线条的品种、颜色、花纹应与饰面板协调。贴脸接头应成45°角，贴脸与门窗套板面结合应紧密、平整，贴脸或线条盖住抹灰墙面应不小于10mm。

6. 木窗帘盒制作要点

1）窗帘盒宽度应符合设计要求。当设计无要求时，窗帘盒宜伸出窗口两侧200 ~ 300mm，窗帘盒中线应对准窗口中线，并使两端伸出窗口长度相同。窗帘盒下沿与窗口上沿应平齐或略低。

2）当采用木龙骨双包夹板工艺制作窗帘盒时，遮挡板外立面不得有明榫、露钉帽，底边应做封边处理。

3）窗帘盒底板可采用后置埋木楔或膨胀螺栓固定，遮挡板与顶棚交接处宜用角线收口。窗帘盒靠墙部分应与墙面紧贴。

4）窗帘轨道安装应平直。窗帘轨固定点必须在底板的龙骨上，连接必须用木螺钉，严禁用圆钉固定。采用电动窗帘轨时，应按产品说明书进行安装调试。窗帘盒构造如图3-9所示。

7. 木扶手、护栏制作要点

1）木扶手与弯头的接头要在下部连接牢固。木扶手的宽度或厚度超过70mm时，其接头应粘接加强。

2）扶手与垂直杆件连接牢固，紧固件不得外露。

3）整体弯头制作前应做足尺样板，按样板划线。弯头粘结时，温度不宜低于5℃。弯头下部应与栏杆扁钢结合紧密、牢固。

4）木扶手弯头加工成形应刨光，弯曲应自然，表面应磨光。木扶手构造如图3-10所示。

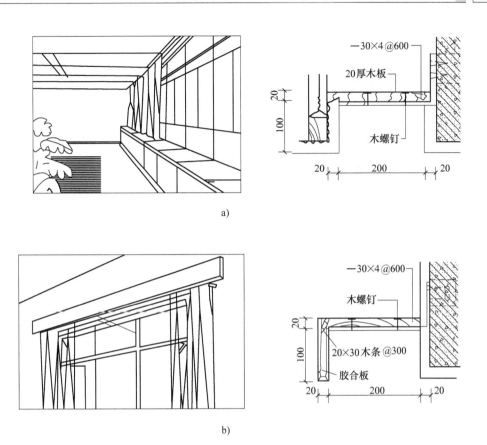

图 3-9　窗帘盒构造

a) 暗窗帘盒　b) 明窗帘盒

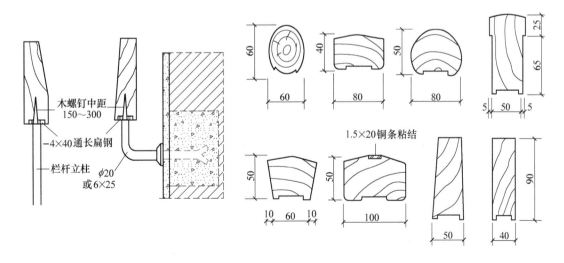

图 3-10　木扶手构造

8. 木花饰制作要点

1) 装饰线安装的基层必须平整、坚实，装饰线不得随基层起伏。

2) 装饰线、件的安装应根据不同基层，采用相应的连接方式。

3）木质装饰线、件的接口应拼对花纹，拐弯接口应齐整无缝，同一种房间的颜色应一致，封口压边条与装饰线、件应连接紧密牢固。

3.7.3 木材制品应用质量标准

1. 基本要求

1）木门窗。表面应光洁，不得有刨痕、毛刺、锤痕、脱胶和虫蛀等缺陷，安装应牢固，开关应灵活，关闭应严密，不得有反弹、倒翘现象。门窗配件应齐全，安装位置正确、牢固。

2）木门窗套。制作与安装的造型、结构、尺寸、固定方法及所用材料的质量和规格应符合设计要求。门窗套安装后应牢固、表面应光滑平整、洁净、线条顺直、接缝严密、色泽一致，不得有裂缝、翘曲和损坏。

3）木橱柜。造型、结构、尺寸、安装位置及所用材料的质量和规格应符合设计要求。橱柜和吊橱安装后应牢固、表面应光滑平整、无毛刺和锤痕。柜门和抽屉开关应灵活。采用贴面材料时，粘贴应平整牢固，不脱胶，边角处不起翘。五金配件应齐全，位置正确、牢固。

4）木扶栏、扶手。制作与安装所用材料的质量、规格、数量、等级、预埋件的规格、数量和安装位置连接点、扶栏高度、栏杆间距、安装位置等都应符合设计要求。扶栏、扶手的表面应光滑，接缝严密，不露钉帽，色泽一致，无刨痕、毛刺、锤痕等缺陷。

5）木窗帘盒、窗台板和散热器罩。所用材料的质量、规格、木材的燃烧性能等级、含水率、人造木板的甲醛含量等应符合设计要求及国家有关标准的规定。制作后的规格、尺寸、造型、安装位置和固定方法应符合设计要求，安装必须牢固。

6）木花饰。所用材料的质量、规格等应符合设计要求。应在基层验收合格后进行施工。表面应洁净，图案清晰，接缝严密，无裂缝、扭曲、缺棱掉角等缺陷，安装牢固。

7）木地板。铺装材料的品种、颜色、规格、质量等级应符合设计要求。龙骨安装必须牢固、平直，间距应根据地板尺寸计算确定，地板接缝应在龙骨的中线上。地板应在基层验收合格后进行铺装。地板面层应洁净，平直，无毛刺、裂痕和损伤，铺装后应牢固，不松动，行走时地板应无声音。

8）木材面板。板面应平整、洁净、色泽一致，无痕迹和缺损，不得有裂缝、翘曲和缺损。板间嵌缝应密实，平直宽度和深度应符合设计要求，嵌填材料应色泽一致，板上的孔洞应套割吻合，边缘应整齐。

2. 质量标准

木材制品的表面和安装质量应符合上述有关基本要求的内容，检验方法用目测和手感两种方法。

木门窗套安装的允许偏差和检验方法见表3-6。

表 3-6 木门窗套安装的允许偏差和检验方法

项 次	项 目	允许偏差/mm	检 验 方 法
1	正、侧面垂直度	3	用1m垂直检测尺检查
2	门窗套上口水平度	1	用1m水平检测尺和塞尺检查
3	门窗套上口直线度	3	拉5m线，不足5m拉通线，用钢直尺检查

木窗帘盒、窗台板和散热器罩安装的允许偏差和检验方法见表 3-7。

表 3-7　木窗帘盒、窗台板和散热器罩安装的允许偏差和检验方法

项　次	项　目	允许偏差/mm	检 验 方 法
1	水平度	2	用 1m 水平尺和塞尺检查
2	上口、下口直线度	3	拉 5m 线，不足 5m 拉通线，用钢直尺检查
3	两端距离洞口长度差	2	用钢直尺检查
4	两端出墙厚度差	3	用钢直尺检查

木门窗制作的允许偏差和检验方法见表 3-8。

表 3-8　木门窗制作的允许偏差和检验方法

项　次	项　目	构件名称	允许偏差/mm 普通	高级	检 验 方 法
1	翘曲	框	3	2	将框、扇平放在检查平台上，用塞尺检查
		扇	2	2	
2	对角线长度差	框、扇	3	2	用钢尺检查，框量裁口里角，扇量外角
3	表面平整度	扇	2	2	用 1m 靠尺和塞尺检查
4	高度、宽度	框	0；−2	0；−1	用钢尺检查，框量裁口里角，扇量外角
		扇	+2；0	+1；0	
5	裁口、线条高低差	框、扇	1	0.5	用钢直尺和塞尺检查
6	相邻棂子两端间距	扇	2	1	用钢直尺检查

木花饰安装的允许偏差和检验方法见表 3-9。

表 3-9　木花饰安装的允许偏差和检验方法

项　次	项　目		允许偏差/mm 室内	室外	检 验 方 法
1	条形花饰的水平度或垂直度	每米	1	2	拉线和用 1m 垂直检测尺检查
		全长	3	6	
2	单独花饰中心位置偏移		10	15	拉线和用钢直尺检查

木材面板安装的允许偏差和检验方法见表 3-10。

表 3-10　木材面板安装的允许偏差和检验方法

项　次	项　目	允许偏差/mm	检 验 方 法
1	立面垂直度	1.5	用 2m 垂直检测尺检查
2	表面平整度	1	用 2m 靠尺和塞尺检查
3	阴阳角方正	1.5	用直角检测尺检查
4	接缝直线度	1	拉 5m 线，不足 5m 拉通线，用钢直尺检查
5	墙裙、勒脚上口直线度	2	拉 5m 线，不足 5m 拉通线，用钢直尺检查
6	接缝高低差	0.5	用钢直尺和塞尺检查
7	接缝宽度	1	用钢直尺检查

木地板安装的允许偏差和检验方法见表 3-11。

表 3-11 木地板安装的允许偏差和检验方法

项　次	项　目		允许偏差/mm	检验方法
1	表面平整度	实木地板	2	2m 靠尺、塞尺测量
		实木复合地板	2	
		浸渍纸层木质地板	2	
		竹地板	2	
2	缝隙宽度	实木地板	0.5	塞尺测量
		实木复合地板	0.4	
		浸渍纸层木质地板	0.15	
		竹地板	0.5	
3	地板接缝高低	实木地板	0.5	钢直尺、塞尺测量
		实木复合地板	0.2	
		浸渍纸层木质地板	0.15	
		竹地板	0.5	
4	四周伸缩缝	实木地板	与墙面之间应留有 8～10mm 的伸缩缝	钢直尺测量
		实木复合地板		
		浸渍纸层木质地板		
		竹地板		

木橱柜安装的允许偏差和检验方法见表 3-12。

表 3-12 木橱柜安装的允许偏差和检验方法

项　次	项　目	允许偏差/mm	检验方法
1	外形尺寸	3	用钢尺检查
2	立面垂直度	2	用1m垂直检测尺检查
3	门与框架的平行度	2	用钢尺检查

木护栏和扶手安装的允许偏差和检验方法见表 3-13。

表 3-13 木护栏和扶手安装的允许偏差和检验方法

项　次	项　目	允许偏差/mm	检验方法
1	护栏垂直度	3	用1m垂直检测尺检查
2	栏杆间距	3	用钢尺检查
3	扶手直线度	4	拉通线，用钢直尺检查
4	扶手高度	3	用钢尺检查

小　结

1. 木材按树叶不同分为针叶树、阔叶树，按加工程度和用途分为原木、原条、板方材。

2. 木材具有轻质高强，保温隔热性好，弹、韧性好，装饰性好，耐腐、耐久性好，含水率较高，吸湿性较强，湿胀干缩等性质。

3. 木材的强度主要有抗压强度、抗拉强度、抗弯强度和抗剪强度。

4. 木材的处理方法有干燥处理、防腐和防虫处理、防火处理等。

5. 木材装饰品种包括实木地板、人造木地板、木装饰线条、防腐木材制品、人造板材等。

6. 人造板材的选用包括细木工板选用、贴面胶合板选用、胶合板选用、纤维板选用等。

7. 木材制品的应用方式包括胶合板木踢脚板制作、木隔墙制作、墙面木龙骨制作、墙面（木龙骨基层）木饰面板制作、木墙面板上粘贴薄木或微薄木、木门套制作、制作和安装吊顶木龙骨、木龙骨吊顶上安装饰面板、顶棚饰面板的接缝处理、实木地板铺设、复合地板铺设、实木地板保养、实木复合地板保养、强化复合木地板保养等。

8. 木材制品应用要点包括木踢脚线，实木企口地板铺设，强化复合地板铺设，木隔墙制作，木门窗套制作，木窗帘盒制作，木扶手、护栏制作，木花饰制作等。

9. 木材制品的表面和安装质量应符合基本要求的内容，检验方法用目测和手感两种方法。

思　考　题

3-1　木材有哪些主要特征？

3-2　实木地板有哪些类型？

3-3　实木地板和强化（复合）地板有什么不同的特性？

3-4　人造板材的品种有哪些？

3-5　如何选用胶合板？

3-6　怎样铺设实木地板？

3-7　强化（复合）地板铺装的要点是什么？

实训练习题

3-1　实地观察针叶树和阔叶树的不同特征。

3-2　在材料市场察看各种不同类型的木材制品，并写一篇题目为"木材制品在居室的装饰应用"的文章。

3-3　利用检测工具，对所在教室的木门（套）进行质量检验。

第 4 章　石材制品与应用

学习目标：通过本章内容的学习，了解石材制品的分类、命名方法，熟悉石材制品的品种类型，掌握石材制品的选购、应用方式和质量标准，提高对石材制品在建筑装饰装修中的设计应用能力。

石材是建筑工程重要的建筑材料，也是现代装饰装修的主要材料，中外许多著名的古建筑都是由天然石材建造而成。现代建筑装饰装修使用的主要石材包括天然石材（花岗岩、大理石、文化石等）和人造石材两大类。天然石材因具有较高的强度、天然的纹理和良好的装饰性而广泛应用于建筑物的室内外饰面；人造石材则是近些年发展起来的一种仿天然石材的新型复合建筑装饰材料。世界上天然石材的主要产地有意大利、西班牙、巴西、印度、土耳其、希腊、挪威、埃及等，我国天然石材的主要产地有北京、云南、河北、新疆、四川、辽宁、山东、广东、福建、浙江等。

天然石材是指从天然岩体中开采出来，并经加工成块状或板状的材料。天然石材质地坚硬，结构致密，具有较高的强度、硬度，耐水性、耐磨性及耐久性好，使用年限可达百年以上，同时由于其天然纹理自然清晰，颜色各异，质感厚重，故具有优良的装饰性，且适用范围广。但因天然石材自重大，故加工困难，开采和运输不方便，有些石材含有放射性有害物质，会对人体健康产生影响，所以在实际应用时需对石材产品进行必要的检测和合理的选择。

4.1　岩石的形成及分类

4.1.1　造岩矿物

岩石是矿物的集合体，矿物是有一定化学成分和结构特征的天然化合物，如石英的化学成分是二氧化硅，结构呈六方柱状晶体。组成岩石的矿物称为造岩矿物，常用岩石的主要造岩矿物见表 4-1。有些岩石由一种矿物组成，如白色大理岩由方解石或白云石组成。大部分岩石由多种矿物组成，如花岗岩由长石、石英、云母及某些暗色矿物组成。岩石并无确定的化学成分及物理性质，不同岩石具有不同的矿物成分、结构和构造，因此不同岩石具有不同的特征与性能。同种岩石产地不同，其矿物组成、结构均有差异，因而其颜色、强度、硬度、抗冻性等物理力学性能都不相同。

表 4-1 常用岩石的主要造岩矿物

矿物名称	组 成	密度/(g/cm³)	颜 色	特 征
石英	结晶的二氧化硅	2.65	无色透明	最坚硬、稳定的矿物之一，但不耐火，是许多岩石的造岩矿物
长石	结晶的铝硅酸盐类	2.5~2.7	白、浅灰、桃红、红、青、暗灰	稳定性不及石英，风化后为高岭土，是岩浆岩最重要的造岩矿物
云母	结晶的、片状的含水复杂硅铝酸盐	2.7~3.1	无色透明至黑色	易分裂成薄片，影响岩石的耐久性、强度和开光性。白云母较黑云母耐久
角闪石、辉石、橄榄石	结晶的铁、镁硅酸盐	3~4	深绿、棕或黑色，称暗色矿物	坚固、耐久、韧性大、开光性好
方解石	结晶的碳酸钙	2.7	白色	易被酸类分解，微溶于水，易溶于含二氧化碳的水中，开光性好，沉积岩中普遍存在
白云石	结晶的或非晶体的碳酸钙镁的复盐	2.9	白色	物理性质与方解石接近，强度稍高，仅在浓的热盐酸中分解
黄铁矿	结晶的二硫化铁	5	金黄色	遇水及氧化作用后生成游离的硫酸，污染并破坏岩石，常在岩石中出现，是有害杂质

4.1.2 岩石分类

岩石的性能除取决于所含矿物成分外，地质形成条件对其也有很大影响。岩石按形成条件可分为火成岩、沉积岩、变质岩三大类，它们具有显著不同的结构和构造，岩石的性能和用途见表4-2。

表 4-2 岩石的性能和用途

名称	产状	结构构造	颜色	表观密度/（kg/m³）	抗压强度/MPa	主要性能及用途
辉长岩橄榄岩	深成岩	等粒晶质结构，块状构造	黑、墨绿、古铜色	2900~3300	200~350	韧性及抗风化性好，可琢磨抛光，作承重及饰面材料
浮石	火山岩	玻璃质结构，多孔状构造	灰、褐、黑	300~400	2~3	孔隙率可达80%，抗冻性好，吸水率小，导热性低，可作保温墙体材料及轻质混凝土
片磨岩	由花岗石变质而成	等粒或斑状体片状构造	同花岗石	2000~2500	120~250	各向异性，可制成片石、碎石、毛石，用于一般建筑工程
石英	由砂岩变质而成	细晶结构，均匀致密，块状构造	白、灰白	2800~3000	250~400	耐久性好，硬度大，加工困难，作承重及饰面材料或耐酸材料
板岩	由页岩变质而成	细晶结构，板状构造	灰、土红	2500~2800	50~80	各向异性，可劈成石板，透水性小，可作屋面材料

1. 火成岩

火成岩由地壳内部熔融岩浆上升冷却而成，又称岩浆岩。根据冷却条件不同又分为深成岩、喷出岩及火山岩三类。

（1）深成岩 深成岩是指岩浆在地表深处，受上部覆盖层的压力作用，缓慢冷却而成的岩石。深成岩大多形成粗颗粒的结晶和块状构造，构造致密。在近地表处，由于冷却较快，晶粒较细。深成岩的共同特性为构造致密、可磨光、表观密度大、抗压强度高、吸水性小、抗冻性好。建筑上常用的深成岩有花岗石、正长岩、闪长岩、辉长岩等。

（2）喷出岩 喷出岩是指岩浆喷出地表时，在压力急剧降低和迅速冷却的条件下形成的，所以大部分未及结晶，多呈隐晶质或玻璃质结构。当喷出岩形成较厚的岩层时，其结构、构造接近深成岩。当形成较薄的岩层时，常呈多孔构造，近于火山岩。建筑上常用的喷出岩有玄武岩、安山岩、辉绿岩等。

（3）火山岩 火山岩是指火山爆发时，岩浆被喷到空中，急速冷却后形成的岩石，如火山灰、火山砂、浮石等。火山灰、火山砂可作水泥混合材料，浮石可作轻混凝土骨料。火山灰、火山砂经覆盖层的压力作用胶结而成的岩石，称为火山凝灰岩。火山凝灰岩多孔、质轻，易于加工，可作保温建筑的墙体材料。

2. 沉积岩

沉积岩是由原来的母岩风化后，经过搬运、沉积和再造岩作用而形成的岩石，又称水成岩。与火成岩相比，沉积岩的成岩过程压力不大，温度不高，大都呈层状构造（称为层理）。沉积岩各层的成分、结构、颜色、密度都有差异，因此，岩石不匀，垂直层理与平行层理方向的性能不同。与火成岩相比，沉积岩的特性是表观密度小，孔隙率和吸水率大，强度较低，耐久性较差。但沉积岩分布广，加工较容易，所以建筑上应用甚为广泛。根据沉积方式，沉积岩可分为机械沉积岩、化学沉积岩及生物沉积岩。

（1）机械沉积岩 机械沉积岩是岩石碎屑经流水、冰川或风力作用搬运，逐渐沉积而成。碎屑由自然胶结物胶结成整体，相应地成为页岩、砂岩、砾岩等。

（2）化学沉积岩 化学沉积岩是由岩石风化而得的溶液或含水胶体经沉淀而成。其特点是颗粒较细，矿物成分较单一，物理力学性能也较均匀，如石膏、白云岩、菱镁矿及某些石灰岩等。

（3）生物沉积岩 生物沉积岩是由海水或淡水中的生物残骸沉积而成，如石灰岩、白垩、贝壳岩、硅藻土等，它们是生产石灰、水泥的原料。

3. 变质岩

变质岩是原生的火成岩或沉积岩经过地质的变质作用而形成的岩石。所谓变质作用是指原生的岩石在地壳内部的高温、高压、炽热气体和渗入岩石中的水溶液作用下，矿物重新再结晶，有时还可能生成新矿物，岩石的结构和性能发生较深刻的变化。一般沉积岩由于在变质时受到高压和重结晶的作用，形成的变质岩更为紧密。如由石灰岩或白云岩变质而成的大理岩，由砂岩变质而成的石英岩，由页岩变质而成的板岩，均较原来的岩石坚硬耐久。而原为深成岩的岩石，经过变质后，常因产生了片状构造，使性能变差。如由花岗石变质而成的片麻岩，较原花岗岩易于分层剥落，耐久性差。

一般来说，凡可研磨、抛光，具有装饰功能的深成岩和部分喷出岩、变质岩统称为"花岗石"，如闪长岩、正长岩、辉长岩、橄榄岩以及辉绿岩、安山岩、片麻岩等。凡可研磨、抛光，具有装饰功能的各种沉积岩和部分变质岩均称为"大理石"，如致密石灰岩、砂岩、白云岩以及石英岩、蛇纹石等。

4.2　石材的命名方式

由于石材品种繁多，颜色各异，只有合理确定其材料名称，才能在实际工程中正确地加以运用。我国对石材的命名一般采用如下方式：

1. 产地 + 颜色

如浙江"杭灰"；山东"济南青"；辽宁"丹东绿"等。

2. 花纹形象 + 颜色

如北京"艾叶青"；湖北"虎皮黄"；河南"雪花青"；广西"枫叶红"等。

3. 颜色 + 质感

如江苏"红奶油"；云南"翡翠"；河北"墨玉"；北京"金玉"等。

4. 特殊命名

如山东"将军红"；四川"中国红"；内蒙古"宇宙红"；山西"贵妃红"等。

4.3　石材的品种

4.3.1　大理石（含板石）

大理石是变质岩，它具有致密的隐晶结构，硬度中等，碱性岩石，其结晶主要由云石和方解石组成，主要成分以碳酸钙为主，约占 50% 以上。我国云南大理县以盛产大理石而驰名中外。国内常用大理石品种见表 4-3，国外（进口）常用大理石品种见表 4-4。

表 4-3　国内常用大理石品种

产　地	名　称	特　征
北京房山	汉白玉	白色或乳白色，材质均匀，细粒结构
北京房山	艾叶青	灰色，带白色花纹，细晶结构
河北曲阳	雪花白	乳白色，有灰斑点，粗粒结构
河北曲阳	孔雀绿	灰绿色或浅黄绿色
河北平山	桃红	鲜红色夹黑灰，粉状结构
河北获鹿	墨玉	黑色，有方解石小晶体，粒状结构
湖北通山	荷花绿	浅绿色底带条纹或点状花纹，致密结构
湖北黄石	晶白	白色
云南大理	黄白玉	乳白色，细晶结构
云南贡山	贡山白	乳白色，粒状结构

（续）

产　地	名　称	特　征
云南大理	苍白玉	乳白色，细晶结构
四川宝兴	宝兴白	白色基底带黄灰条纹和斑点
辽宁丹东	丹东绿	绿、暗色，有小的斑点，致密结构
山东莱阳	莱阳绿	灰色基底上有浅绿——深绿色斑点，致密结构
内蒙古	草原绿	草绿色
内蒙古集宁	核桃红	浅棕红色
辽宁铁岭	铁岭红	紫红色，细粒结构
陕西潼关	香蕉黄	灰色带黄玖斑，细粉状结构
浙江杭州	杭灰	灰色、深灰色，云雾状花纹，有齿状灰白线

表 4-4　国外（进口）常用大理石品种

产　地	名　称	特　征
意大利	旧米黄	米黄色间有灰色斑点，中黄色有不规则棕黄筋线
意大利	新米黄	米黄色
意大利	银线米黄	浅米黄，间布银灰色浅条
意大利	木纹米黄	棕黄色，微黑条状，有杂斑
意大利	雪花白	灰白色纹布在乳白色基底中
意大利	大花白	白色斑团，似流淌在深灰色的基底中
意大利	大花绿	翠绿色间有浅绿
意大利	木纹石	玫瑰黄色，细小的生物化石碎屑平行状密布
伊朗	莎安娜米黄	米黄色基底带白纹
伊朗	黄金米黄	浅米黄色，有似平行状细小的白筋分布
西班牙	琥珀米黄	米黄色间灰白斑团
西班牙	西班牙米黄	米黄色，材质均匀
西班牙	白沙米黄	浓米黄色，材质均匀
西班牙	象牙白	浅米黄色
希腊	雅士白	银灰、灰白色
希腊	爵士白	银灰色，云雾状布在乳白色基底中
菲律宾	菲律宾米黄	米黄色，浓淡相间
印尼	富贵米黄	浅米黄色间有少量不规则黄色网纹
挪威	绿星	墨绿色晶体
芬兰	钻石绿	浅黄绿色
印度	紫罗兰	茄色基底上分布暗橙红色团粒
巴西	玉玛瑙	墨绿色基底，呈浅紫色斑点

1. 特性

1）具有独特的装饰效果。大理石品种有纯色及花斑两大系列，花斑系列为斑驳状纹理，品种多色泽鲜艳，材质细腻。

2）抗压强度较高，吸水率低，不易变形。

3）硬度中等，耐磨性好，易加工。

4）耐久性好。

5）缺点：由于大理石组成矿物（方解石或白云石）为碱性岩石，抗风化性能和耐酸性能较差。因此，除极少数杂质含量少、性能稳定的大理石，如汉白玉、艾叶青等，磨光大理石板材一般不宜用于建筑物的外墙面、其他露天部位的室外装饰以及与酸有接触的地面装饰工程，否则受酸侵蚀表面会失去光泽，甚至有起粉、出现斑点等现象，影响装饰效果。

2. 分类

1）普通形板材（N）：有正方形板和长方形（又称矩形）板材。

2）异形板材（S）：其他形状的板材。

3. 质量等级

大理石质量等级分为优等品（A）、一等品（B）、合格品（C）。

4. 技术要求

大理石板材表观密度不小于 $2.6g/cm^3$，吸水率不大于 0.75%，干燥状态下抗压强度不小于 20MPa。尺寸允许极限公差、角度允许极限公差、外观质量的镜面光泽度应符合标准的规定。拼缝板材正面与侧面的夹角不得大于 90°，同一批板材的花纹色调基本一致。

5. 应用

大理石主要用于建筑物室内的墙面、柱面、栏杆、窗台板、服务台、楼梯踏步、电梯间、门脸等的饰面，也可以制造成工艺品、壁画和浮雕等。

6. 规格

大理石可制成各种规格的板材，地面板材常用尺寸为 600mm×600mm、800mm×800mm 等，墙面板材规格一般为长方形，宽度为 600～800mm，长度为 800～1200mm，厚度为 20mm。各种大理石异形装饰线条尺寸可按实际需要加工制作。

7. 品种

大理石矿产资源极为丰富，仅我国储量就有约 18 万亿 m^3，400 多个品种。

4.3.2　花岗岩

花岗岩是指具有装饰效果，可以磨平、抛光的各类火成岩。花岗岩具有全晶质结构，材质硬，其结晶主要由石英、云母和长石组成，主要成分以二氧化硅为主，占 65%～75%。国内常用花岗岩品种见表 4-5，国外（进口）常用花岗岩品种见表 4-6。

表 4-5　国内常用花岗岩品种

产　地	名　称	特　征
四川曹县	将军红	黑色，棕红，浅灰，间小斑点
四川	三合红	肉红色与乳白色相间，形成红色白花（或隐花）

（续）

产　地	名　称	特　征
四川石棉	石棉红	枣红色及玫瑰色，中细粒，斑状结构
四川芦山	中国红	鲜红的底色，洁净透明，墨绿色、黑云母适度点缀
甘肃山丹	祁连红	深肉红色，中粗结构
内蒙赤峰	宇宙红	呈红色
山西灵丘	贵妃红	绛红色或粉红色
广西	枫叶红	桔红色，粗晶结构
内蒙丰镇	丰镇黑	黑色，浅灰黑色，细中粒结构
辽宁	珍珠黑	呈灰色、黑色
山东荣城	荣城黑	暗灰色，中细粒结构，块状构造
福建福鼎	福鼎黑	黑底带暗色斑，结构均匀，色泽稳定
北京昌平	黑白花	黑白花纹相间且分明，总体呈灰色
北京房山	大白花	黑白色，颗粒结构
新疆哈密	五莲花	白色斜长石似雪莲花朵开，有黑色花蕊
浙江天台	一品梅	淡红色带黄色调，致密块状，色泽均匀
河南偃师	雪花青	青色，雪花状白斑
河北灵寿	虎皮黄	浅黄色，中细粒变晶结构
山东济南	济南青	灰黑色，辉长结构
浙江诸暨	芝麻黑	浅绿呈白色点

表4-6　国外（进口）常用花岗岩品种

产　地	品　种	特　征
印度	印度红（中花）	深红（橙红）色带棕黑色晶体，中粒，材质均匀
印度	印度红（粗花）	深红（紫红）色带棕黑色晶体，粗粒，材质均匀
印度	将军红	杏红黄色，呈片麻状
印度	幻彩红	中粗粒，浅红有似云影流动状相间
印度	虎皮石	肉红色为主，间有灰黑色条带，呈流动状似虎皮
意大利	万寿红	淡红的砾石分布在深红的基底中
意大利	黑金石	黑色中有金黄色不规则斑点
挪威	黑珍珠	黑色晶体间带少量白色翠体
挪威	蓝珍珠	蓝紫色，接近茄色，间有银白色闪光的粒长石
挪威	挪威红	肉红色间白色不规则条带
巴西	至尊金麻	杏黄色间布平行状暗色细条
巴西	世贸金麻	黄色基面带有断续黑纹条
巴西	金彩麻	黄色
西班牙	珊瑚红	深红色
土耳其	紫罗红	深紫红色基底经破碎被浅紫色交填
瑞典	香槟红	樱红色，中粗粒状
南非	南非红	深红（鸡血红），材质较纯，粗颗
芬兰	啡钻	肉红色圆斑均布在褐黑色基底上
美国	白麻	灰白色基体间布灰色平行细脉
埃及	埃及红	橙红色，粗料结构

1. 特性

1）具有独特的装饰效果，外观常呈整体匀粒状结构，具有色泽和深浅不同的斑点状花纹。

2）石质坚硬致密，抗压强度高，吸水率小。

3）耐酸、耐腐、耐磨、抗冻、耐久。

4）缺点：硬度大，因此开采困难。质脆，为脆性材料，耐火性较差，因为花岗岩中含有石英矿物成分，当燃烧温度达到 573℃ 和 870℃ 时，石英产生晶型转变，导致石材爆裂，强度下降，因此石英含量高的花岗岩耐火性能较差。某些花岗岩含有对人体健康有危害的放射性元素。

2. 分类

1）按形状分为普通形板材（N）、异形板材（S）。

2）按表面加工分类。

① 细面板材（RB）：花岗岩表面经过粗磨，具有平整光滑但无光泽的效果。

② 镜面板材（PL）：用机器对花岗岩表面进行粗磨、细磨、精磨，使板面明亮光滑，色泽鲜明，晶体裸露，磨光板面再经抛光处理即成为镜面效果。

③ 粗面板材（RU）：表面粗糙平整，具有较规则的加工条纹或毛面，包括机刨板、斧剁板、锤击板、烧毛板等。

机刨板——用刨石机将花岗岩表面刨成较为规则的平整表面，呈相互平行的刨纹。

斧剁板——用斩刀（或斧子）对花岗岩表面进行斧剁，使板表面粗糙，呈规则的条状斧纹。

烧毛板——用氧气焊枪对花岗岩表面喷火，使其表层爆裂剥落，形成表面粗糙的板材。

花岗岩表面处理效果如图 4-1 所示。

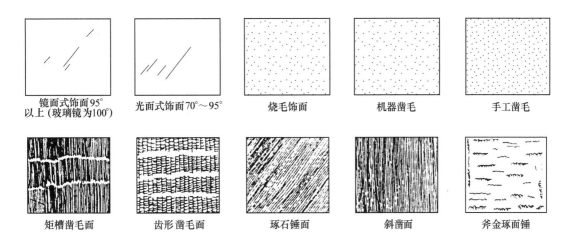

图 4-1　花岗岩表面处理效果

3. 质量等级

花岗岩质量等级分为优等品（A）、一等品（B）、合格品（C）。

4. 技术要求

花岗岩板材表观密度不小于 2.5g/cm³，吸水率不大于 1.0%，干燥状态下抗压强度不小于60MPa，弯曲强度不小于8MPa；光泽度不低于75光泽单位（或供需双方商定）。外观质量尺寸偏差、平整度极限允许偏差、角度允许极限偏差、外观缺陷均应符合国家标准相应规定。拼缝板材正面与侧面夹角不得大于90°。

5. 放射性控制使用标准

装饰石材按照国家无机非金属装饰材料放射性指标限量标准划分为三类。

1）A类装修材料：装修材料中放射性元素的放射性比活度同时满足 $I_{Ra} \leq 1.0$，$I_r \leq 1.3$ 的要求，该材料使用范围不受限制。

2）B类装修材料：不满足A类装修材料要求但同时满足 $I_{Ra} \leq 1.3$，$I_r \leq 1.9$ 的要求，该材料不可用于I类民用建筑工程的内部饰面，可用于其他部位饰面。

3）C类装修材料：不满足A类、B类装修材料的要求，但满足 $I_r \leq 2.8$ 的要求，该材料只可用于建筑物的外饰面及室外其他用途。

$I_r \geq 2.8$ 的花岗岩只可用于碑石、海堤、桥墩等人们很少涉足的地方。

6. 应用

花岗岩的板材主要用作建筑室内、外饰面材料以及重要的大型建筑物基础踏步、栏杆、堤坝、桥梁、路面、街边石、城市雕塑及铭牌、纪念碑、旱冰场地面等。

7. 规格

花岗岩地面常用尺寸为600mm×600mm，厚度为20mm。

8. 品种

花岗岩矿产资源也极为丰富，储量大，仅我国就约有108万亿 m^3，100多个品种。

4.3.3 文化石

文化石具有天然石材的形状和质感，它最吸引人的特点是色泽纹路能保持自然原石风貌，加上色泽调配变化，能将石材质感的内涵与艺术性展现无遗。将文化石应用到室内，可体现出美观与实用的互动气氛。文化石是人们回归自然、返璞归真的心态在室内装饰中的一种体现。

文化石材质坚硬、色泽鲜明、纹理丰富、风格各异，具有抗压、耐磨、耐火、耐寒、耐腐蚀、吸水率低等特点。人造文化石是采用硅钙、石膏等材料精制而成的。它模仿天然石材的外形纹理，具有质轻、色彩丰富、不霉、不燃、便于安装等特点，但装饰效果受石材纹理限制。

1. 石板

石板分为板岩、锈板、彩石面砖、瓦板等，用于室内地面，内、外墙面及屋面瓦。

2. 砂岩

砂岩分为硅质砂岩、钙质砂岩、铁质砂岩、泥质砂岩四类，性能以硅质砂岩最佳，依次递减，前三类应用于室内、外墙面和地面装饰。泥质砂岩遇水软化，不宜用作装饰材料。

3. 石英岩

石英岩是硅质砂岩的变质岩，强度大、硬度高，耐酸、耐久性优于其他石材，用于室内、外的墙面及地面。

4. 蘑菇石

蘑菇石立体感强、装饰效果好，用于外墙、内墙及屋面。

5. 艺术石

艺术石外观具有不规则沉积式的层状结构，有天然石材和人造石材两类，可用作内墙和外墙装饰。

6. 乱石

乱石包括卵石、乱形石板等，用于外墙面、地面装饰。

4.3.4　人造石材

我国在 20 世纪 70 年代末开始从国外引进人造石材样品、技术资料及成套设备，80 年代进入了生产发展时期，目前我国人造石材有些产品质量已达到国际同类产品的水平，并广泛应用于宾馆、住宅的装饰装修工程中。

人造石材不但具有材质轻、强度高、耐污染、耐腐蚀、无色差、施工方便等优点，且因工业化生产制作，使板材整体性极强，可免去翻口、磨边、开洞等再加工程序。

人造石材一般适用于客厅、书房、走廊的墙面、门套或柱面装饰，还可用作工作台面及各种卫生洁具，也可加工成浮雕、工艺品、美术装潢品和陈设品等。

人造石材包括水泥型人造石材、聚酯型人造石材、微晶玻璃型人造石材、复合型人造石材、烧结型人造石材等。

1. 水泥型人造石材

水泥型人造石材是以各种水泥为胶结材料，砂为细骨料，碎大理石、花岗石、工业废渣等为粗骨料，经配料搅拌、成型、蒸压养护、磨光、抛光制成。

水泥型人造石材所用的水泥除硅酸盐水泥外，还可用铝酸盐水泥作胶结剂制成人造石材。这种人造石材表面光泽度高、花纹耐久，抗风化、耐火性、防潮性都优于一般人造石材。这是由于铝酸盐水泥的主要矿物组成——$CaO \cdot Al_2O_3$ 水化产生氢氧化铝胶体，在凝聚过程中与光滑的表面接触，形成了氢氧化铝凝胶层，与此同时，氢氧化铝胶体在硬化过程中不断填塞人造石的毛细孔隙，形成致密结构，因此表面光滑、具有光泽、呈半透明状。若以硅酸盐水泥，包括白水泥作胶结剂，由于不能形成氢氧化铝胶层，所以不能形成光滑的表面层。

（1）产品　以水泥为胶结材料制成的人造石材产品有水磨石、花阶砖、人造艺术石、人造大理石等。

（2）质量等级　水磨石的质量等级分为优等品（A）、一等品（B）、合格品（C）。

（3）特性　强度高、价格低、坚固耐久、美观实用、施工方便。

（4）用途　用于墙面、柱面、地面、楼面、踢脚板、立板、隔断板、窗台板、台面板等。

2. 聚酯型人造石材

在人造石材中，目前使用最广泛的是以不饱和聚酯树脂为胶结料而生产的树脂型人造石材，简称聚酯型人造石材。

聚酯型人造石材是用不饱和聚酯树脂作为胶结材料，配以石英砂、大理石碴、大理石粉、方解石粉等无机填料，再加入适量的颜料和少量固化剂，拌制成混合料，经注模成形、固化、脱模、烘干、抛光等工序，制成具有天然石材色彩和质感的饰面石材或制品，又称聚酯合成石。其成形方法有振动成形、加压成形和挤压成形等多种。

由于不饱和聚酯树脂具有黏度小、易于成形、光泽好、颜色浅容易调配成各种明亮色彩、固化快、可在常温下进行固化等特点，因此目前各国均采用不饱和聚酯树脂生产人造石材。

（1）物理力学性能　聚酯型人造石材表观密度较小，强度较高，其物理力学性能见表4-7。

表 4-7　聚酯型人造石材物理力学性能

抗压强度/MPa	抗折强度/MPa	抗冲击强度/J·cm⁻²	布氏硬度	表面光泽度/度	密度/g·cm⁻³	吸水率（%）	线胀系数/（×10⁻⁵）
>100	30 左右	15 左右	40 左右	>100	2.10 左右	<0.1	2~3

（2）特性

1）生产设备简单，工艺不复杂。聚酯型人造石材可以按照设计要求制成各种颜色、纹理、光泽、几何形状与尺寸的板材及制品，比天然石材加工容易得多，还可以根据需要加入适当的添加剂，制成兼有某些特殊性能的饰面材料。

2）色彩花纹仿真性强，装饰性好，其质感和装饰效果完全可与天然大理石和天然花岗石媲美。

3）强度高、不易碎、板材薄、重量轻，可直接用聚酯砂浆进行粘贴施工，有利于减轻建筑物自重及降低建筑成本。

4）耐腐蚀。因采用不饱和聚酯树脂作胶结料，故聚酯型人造石材具有良好的耐酸、耐碱腐蚀性和抗污染性。

5）加工性能好。较天然大理石易锯切、钻孔，便于施工。

6）易老化。聚酯合成石由于采用了有机胶结料，与其他有机材料一样，在大气中长期受到阳光、空气、热量、水分等综合作用后，随着时间的延长，会逐渐老化。老化后表面将失去光泽、颜色变暗，从而降低其装饰效果。但如果在室内使用，老化速度变慢，耐久性相对提高。

（3）种类及制品　聚酯合成石由于生产时所加颜料不同，采用的天然石料种类、粒度和纯度不同，以及制作的工艺方法不同，所以制成的合成石的花纹、图案、颜色和质感也就不同。通常制成仿天然大理石、天然花岗石和天然玛瑙石的花纹和质感，故分别称为人造大理石、人造花岗石、人造玛瑙。另外，还可以制成具有类似玉石色泽和透明状的人造石材，称为人造玉石。人造玉石甚至可以惟妙惟肖地仿造出紫昌、彩翠、芙蓉、山田玉等名贵玉石产品。

聚酯合成石通常可以制作成饰面人造大理石板材、人造花岗石板材和人造玉石板材，还可以制作卫生洁具，如浴缸，带梳妆台的单、双盆洗脸盆，立柱式脸盆，坐便器等。另外，还可制成人造大理石壁画等工艺品。

（4）应用　人造大理石和人造花岗石饰面板材，主要用做宾馆、商店、办公大楼、影剧院、会客室及休息厅等室内墙面、柱面及地面的装饰材料，也可用做工厂、学校、医院等的工作台面板。人造玛瑙和人造玉石主要用于高级宾馆和住宅的墙面装饰，以及卫生间的卫生洁具。人造石材工艺品用于各种装潢广告、壁画、雕塑、建筑浮雕等。

3. 微晶玻璃型人造石材

（1）名称　微晶玻璃型人造石材又称微晶板、微晶石，是由玻璃相和结晶相组成的质地坚实致密而均匀的复相材料。

（2）分类

1）按颜色基调分为白色、米色、灰色、蓝色、绿色、红色、黑色、花色等。

2）按外形分为普通形板（P）、异形板（Y）。

3）按加工表面程度分为镜面板（JM）、亚光面板（YG）。

（3）质量等级　微晶玻璃型人造石材的质量等级分为优等品（A）、合格品（B）。

（4）特性

1）工艺独特。微晶石材的生产可分为熔制、晶化、切磨三道工序，每道工序都有严格的控制指标，它是玻璃熔制、陶瓷工艺、大理石加工三大工艺的完美结合。

2）外观非凡。微晶石材晶化形成的晶花与天然石材的花纹相比，有过之而无不及，各种颜色可任意调制，而且没有色差，板材镜面光泽度达 90 光泽单位以上，使微晶石材色彩斑斓、晶莹亮丽，有玉石的质感。

3）性能优异。天然石材存在放射性元素，危害人体健康，而微晶石材取材于砂和无机化工产品，经 1550℃ 高温熔制、晶化而成，无毒，无辐射，强度高，耐腐蚀，不怕酸碱，不吸水，耐脏，易洗；废弃后还可回收再生产，是现代建筑理想的高档装饰材料。

（5）用途　微晶石材广泛应用于建筑物的内外墙、地面、台面和柱面的装修，具有高贵典雅、富丽堂皇的装饰效果。

4. 复合型人造石材

复合型人造石材是指该石材的胶结料中，既有无机胶凝材料（水泥），又有有机高分子材料（树脂）。它是先用无机胶凝材料、碎石、石粉等胶结成形并硬化后，再将硬化体浸渍于有机单体中，使其在一定条件下聚合而成。若为板材，其底层用廉价而性能稳定的无机材料制成，面层则采用聚酯和大理石粉制作。

5. 烧结型人造石材

烧结型人造石材的生产与陶瓷工艺相似，将长石、石英、辉绿石、方解石等粉料和赤铁矿粉，以及一定量高岭土配合，一般配比为黏土 40%，石粉 60%，然后用泥浆制备坯料，用半干压法成形，在窑炉中以 1000℃ 左右的高温焙烧而成。

4.4　石材制品的选择

4.4.1　表面观察

由于地理、环境、气候、朝向等自然条件不同，石材的构造也不同，有些石材具有结构均匀、细腻的质感，有些石材则颗粒较粗，不同产地、不同品种的石材具有不同的质感效果，必须正确地选择需用的石材品种。另外，石材由于地质作用的影响，常在其中产生一些细微裂缝，在使用时最易沿这些部位发生破裂，应注意剔除，至于缺棱掉角，更是影响美观，应避免选用。

4.4.2　规格尺寸

石材规格必须符合设计要求，铺贴前应认真复核石材的规格尺寸是否准确，以免造成铺贴后的图案、花纹、线条变形，影响装饰效果。

4.4.3　声音鉴别

听石材的敲击声音是鉴别石材质量的方法之一。好的石材其敲击声清脆悦耳,若石材内部存在轻微裂隙或因风化导致颗粒间接触变松,则敲击声粗哑。

4.4.4　试水检验

通常在石材的背面滴上一小滴墨水,如墨水很快四处分散浸入,即表明石材内部颗粒松动或存在缝隙,石材质量不好;反之,若墨水滴在原地不动,则说明石材质地好。

4.5　石材制品保养

1)石材是一种多孔材料,很容易吸收水分或经由水溶解侵入造成污染。石材若吸收过多的水分及污染,会造成崩裂、风化、脱落、浮起、吐黄、水斑、锈斑、雾面等缺陷,因此应避免用水冲洗或以过湿的拖把拖洗石材表面。

2)各种污染源(油、茶水、咖啡、可乐、酱油、墨汁等)会很容易顺着石材天然毛细孔渗透到石材内部,形成污渍,应选用石材专用防护剂以防止污染源污染石材。但由于防护剂也不能长期阻绝污染,所以一旦有污染源倒在石材上必须立即清除,以防渗入石材毛细孔内。

3)避免酸碱物质的侵蚀。酸会造成花岗石中硫铁矿物氧化而产生吐黄现象,酸也会分解大理石中所含的碳酸钙而造成表面被侵蚀的状况,碱会侵蚀花岗石中长石及石英结晶而造成晶粒剥离的现象。

4)应避免在石材面上长期覆盖地毯及杂物,否则石材下湿气无法通过石材毛细孔挥发出来,使石材因湿气过重、含水量增高而产生变质、变色等。

5)石材不耐风沙及土壤微粒的长期蹂躏,因此要经常用除尘器及静电拖把彻底除尘及做清洁工作。公共建筑入口处最好能放置除尘垫,过滤鞋子所带泥沙颗粒,居室入门后宜换拖鞋,以减少或避免砂粒尘土磨损石材表面。

6)定期保养、维护光泽。使用结晶液让大理石面再结晶,使用抛光粉让大理石或花岗石面再生光泽,使用具有透气性的光泽保护剂等,均可使石材永远如新。

7)保持室内通风、干燥,防水、防潮,以保证石材的使用效果。

4.6　石材制品板面质量要求

天然花岗石板材尺寸允许偏差见表4-8。

表4-8　天然花岗石板材尺寸允许偏差

分　类		细面和镜面板材			粗面板材		
等级		优等品	一等品	合格品	优等品	一等品	合格品
长度/mm		0			0		
宽度/mm		−1.0	−1.5	−2.0	−1.0	−2.0	−3.0
厚度/mm	≤15	±0.5	±1.0	+1.0 −2.0			
	>15	±1.0	±2.0	+2.0 −3.0	+1.0 −2.0	±2.0	+2.0 −3.0

天然花岗石板材平面度允许极限公差见表 4-9。

表 4-9　天然花岗石板材平面度允许极限公差

板材长度范围/mm	细面和镜面板材			粗面板材		
	优等品	一等品	合格品	优等品	一等品	合格品
≤400	0.20	0.35	0.50	0.60	0.80	1.00
400～800	0.50	0.65	0.80	1.20	1.50	1.80
≥800	0.70	0.85	1.00	1.50	1.80	2.00

接缝干挂花岗石板材尺寸允许偏差见表 4-10。

表 4-10　接缝干挂花岗石板材尺寸允许偏差

分　类	细面和镜面板材			粗面板材		
	优等品	一等品	合格品	优等品	一等品	合格品
长度/mm	+0.5	+0.5	+0.5	+0.5	+1.0	+1.5
宽度/mm	-0.5	-1.0	-1.0	-0.5	-1.0	-1.5
厚度/mm	+2.0 0	+4.0 0	+5.0 0	+3.0 0	+5.0 0	+6.0 0

天然花岗石板材角度允许极限公差见表 4-11。

表 4-11　天然花岗石板材角度允许极限公差

板材长度范围/mm	优等品	一等品	合格品
≤400	0.30	0.50	0.80
>400	0.40	0.60	1.00

4.7　石材制品的应用

4.7.1　技术要求

1）板面平整、光滑，不得有明显划痕和裂痕。

2）厚薄均匀，棱角分明，切边整齐，尺寸符合设计要求。

3）表面花纹、色泽基本一致，无明显色差，内部结构紧密，无裂缝。

4）铺设时尽可能不将色差较大的板材铺设在同一面上及主要使用部位。

5）板材存放或铺设应直立，防止断裂。

6）外包装不能用有色材料，防止污染板面，最好存放在室内。

7）铺贴时基层灰砂饱满，不得有空鼓。

8）复杂图案先用胶合板放样，然后按样切割板材。

4.7.2 石材制品应用方式

1. 地面铺贴石材

在建筑室内、外地面铺贴天然石材，一般应在顶棚、墙面抹灰后进行，地面石材铺贴完再安装踢脚板。在铺贴前，应对石材板进行试拼，对好颜色，调整花纹，使板与板之间上下左右纹理通顺，颜色协调，然后编号，并在草图上标明铺设排列次序，以便对号入座。如为异形板材，则需事先定制或在现场用石材切割机裁割。

1）基层处理。铺贴天然石材地面一般为混凝土基层，应平整，较大偏差处应事先凿平或修补，铺贴前应将基层清扫干净。

2）放样弹线。在地面上拉出石材铺贴的标高线和纵横排放线，铺贴程序一般采取先由房间中间（或墙边）往两侧退步的方法。凡中间有柱子的房间，宜先铺贴柱子与柱子之间的部分，然后向两旁展开，最后收口。

3）铺贴。铺贴板材之前，应先浸水湿润，晾干后备用。先在混凝土基层上均匀刷一道素水泥浆，然后用1:2.5干硬性水泥砂浆作为石板材铺贴粘结层，表面再撒一道素水泥浆后铺贴板材。板材应平放，四角用橡皮锤轻轻敲击，使板材与地面粘结平整、密实，并用水平尺检验和调整板材铺贴的平整度。

4）擦缝。石材铺贴后的板间缝隙应为 $0.5 \sim 1mm$，应用与板面颜色相似的白水泥或白水泥色浆擦缝嵌填，并用干布将整块地面擦拭干净。

5）养护。板材铺设 24h 后，应洒水养护 $1 \sim 2$ 次，以补充砂浆在硬化过程中所需要的水分，3d 之内禁止踩踏。

6）保养。石材地面在使用时要注意保养。平时用半干抹布或拖把擦拭，如有污垢可用清洗剂清洗。使用时间过长、失去光泽的石材地面可用打蜡机上蜡后再抛光。

2. 墙面湿作业法（挂贴）石材

小规格的石材可用水泥砂浆或环氧树脂胶泥直接粘贴固定，对于大规格的石材一般可用墙面湿作业法（挂贴）固定。石材挂贴示意图如图4-2所示，石材墙面缝隙处理方法如图4-3所示。

1）墙面安装固定件。根据板材的规格尺寸，在墙面设置双向φ6钢筋网并与墙体预埋件连接固定。

2）用 $\phi2 \sim \phi5$ 的钻头在板材上下边沿打眼，打眼位置视镶贴方式而定，打眼数量视石材大小而增减，但上下边沿各不得少于 2 个眼孔。眼孔的位置应与墙面基层上钢筋网横向钢筋的位置相适应，且距边沿不小于3cm，竖孔、横孔相连通，钻孔直径以能满足穿线即可。断面处应凿出缺口，留出绑扎铜丝位置。

3）安装板材。光面朝外，从墙中间或阳角开始安装，板背面离墙面约50mm，吊垂线、拉水平通线，并做好临时固定。上、下口水平缝可用木楔、木垫来调整，垂直度校正后用双股18号铜丝把板材与墙面设置的钢筋网绑扎牢固，并用石膏浆封口，用水平尺检查外表面垂直度。板材的两侧可塞纸或麻丝，用石膏浆临时固定，以防移动和漏出水泥浆，为使其牢固还可加撑木档。

4）灌水泥砂浆。待板缝石膏浆凝固后用1:2.5水泥砂浆分层灌注，待下层砂浆初凝后

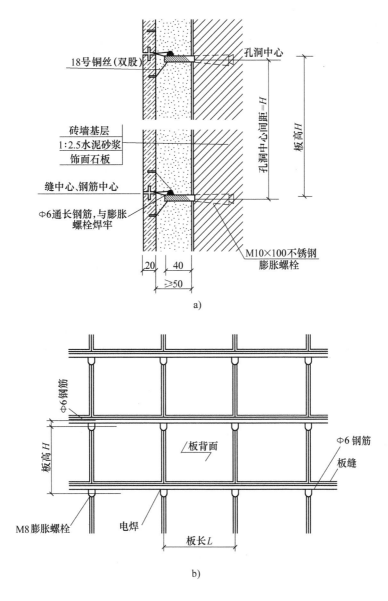

图 4-2 石材挂贴示意图
a）石材固定 b）钢筋固定

再灌上一层。若多层板材安装，那么在每层饰面板的水平线下 5cm 处即可停止灌浆，待上一层板安装后再灌，以使上下连成整体。板材安装从左到右，从下到上，安装一皮就灌注一皮。

5）表面清理。灌注后待水泥砂浆有足够的强度即可拆除撑架，除去木楔、麻丝、石膏等，将板面清理干净。

6）填缝。调制与板材颜色相同的水泥色浆填满板缝，如在室外可用油性腻子或防水胶嵌缝。

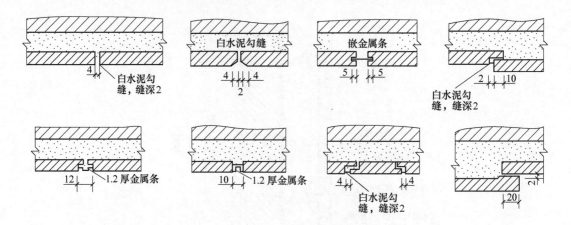

图 4-3　石材墙面缝隙处理方法

7）全部操作工序完工后，进行板面清洗，并可打蜡上光。

3. 墙面干挂石材

建筑物墙面石材干挂施工法是利用高耐腐蚀连接件将饰面石材安装在建筑物表面的一种新型施工工艺，也是对湿作业方法的改进。墙面干挂石材在风力和地震作用下允许产生适量的变位，但不会出现裂纹和脱落，当风力和地震力消失后，石板也会随结构而复位，故又特别适用于高层建筑。石材干挂在施工过程中可以自由选择板材背面的悬吊位置，任意角度拼挂，为不同规格、不同造型、多种复杂外形的设计需求提供了空间。墙面干挂石材安装精度高，装饰效果好，结构简洁，做法灵活，拆装方便，为维修保养创造了便利；同时又省去了灌浆工序，施工周期缩短，减轻了建筑自重，增强了抗震性能，有效防止了石板脱落，且不受湿作业方法灌浆中的盐碱渗透污染，提高了装饰质量及美观效果。目前，干挂石材的施工工艺已广泛应用于建筑物内外墙装饰的石材幕墙中。

干挂石材的施工顺序为：石材准备——基层处理——定位放线——化学锚栓安装——L形角板及龙骨安装（无龙骨安装可省去此道工序）——固定挂件——石材定位切沟——石材安装到位——粘接胶条——打胶勾缝——清理——成品保护。

1）石材准备。首先用比色法对石材的颜色进行挑选分类，安装在同一面上的石材颜色应保持一致，并根据设计尺寸和图样的要求，在定位器的配合下对石材边缘进行定位切沟，一般切沟规格长度为 80～100mm，宽为 2mm，深为 12～15mm。随后在石材背面刷不饱和树脂胶，石板在刷第一遍胶前，先把编号写在石板上，并将石板上的浮灰及污物清除干净。

2）基层处理。对墙表面进行测量，检查其平整度，以保证龙骨及固定件的垂直度和水平度，同时根据设计要求对墙面进行基层处理，并清理干净。

3）定位放线。用经纬仪控制垂直度，水准仪测定水平线，并将其固定件位置标注到墙上。一般首先弹出竖向杆件的位置，确定竖向杆件的锚固点，然后将水平向杆件位置弹在竖向杆件上。以 50cm 水平线为依据向上（或向下）量距来控制石材的水平度和垂直方向进行分块。在每个立面中间位置的墙上选定一个窗口，从上到下准确找出该窗口的中心线位置，弹上墨线作为竖向控制线，以此为依据向左右量距来控制石材的垂直度和水平方向分块。

4）化学锚栓安装。以竖向控制线为依据，向左右量距核定钻孔位置，按程序进行化学锚栓安装，即钻孔——清孔——置入化学胶管——置入螺杆——凝固后施工，保证化学锚栓的准确位置和锚固性能。

5）安装角板及龙骨架。以竖向控制线和化学锚栓为依据，核定主龙骨宽度定点，通过已安装的化学锚栓固定角板于墙体上，然后根据石材规格进行龙骨架安装，用螺栓连接，以调节其垂直度和平整度。

6）固定挂件。根据石材所需的挂件数量进行统计，确定挂件位置，并用专用螺栓固定。通过挂件上的长圆槽孔进行适当调节，以保证石材位置安装的准确性。

7）安装石板。将已切好沟的石材按照分块进行就位安装，石材安装到位并调整好石材的垂直度、平整度及缝隙后可紧固固定螺栓。

8）粘结胶条。每块石材安装完毕后，即刻清理石材边沿，粘结双面胶条（按设计要求石材留缝宽度决定所用胶条厚度），以保证勾缝时填缝胶横平竖直、宽窄一致。

9）打胶勾缝。胶条粘结完毕后，可按工程要求进行勾缝打胶工作，打胶时要求达到横平竖直、宽窄一致、涂胶均匀，使得胶缝美观且耐固，采用中性硅酮胶，以防止对石材产生腐蚀。

10）清理。每一块石材安装完毕后，即对表面进行清理，以确保每一块石材的安装已完全符合标准。清理内容包括：石材表面污垢，石材板缝隙的误差，固定螺栓的坚固程度以及每块板的垂直度、平整度等。

11）成品保护。将距地面 2m 高范围内已安装完毕的石材墙面采用围护措施，以避免碰撞损坏；2m 以上已安装完毕的石材墙面采用防污染的遮挡设施保护。

4. 人造石材粘贴

人造石材的粘贴可根据材料不同选用水泥砂浆、801 胶水泥砂浆、建筑胶、聚酯树脂胶、环氧树脂胶等为粘结剂进行粘贴，下面介绍用 801 胶水泥砂浆粘贴的方法。

1）用 1:3 水泥砂浆打底，找平划毛。

2）用 801 胶水泥浆作粘结剂，配合比为水泥:801 胶:水 = 10:0.5:5.6。

3）根据已弹好的水平线，作为镶贴第一层人造石材的依据，一般由下往上逐层粘贴，并用手轻压或用橡皮锤轻轻敲击，使其与基层粘结密实牢固，并用靠尺随时检查平直方正情况，修正缝隙。凡遇粘结不密实缺灰情况，应取下重新粘贴，防止空鼓。

4）板缝或阴阳角部分，用 801 胶水泥浆加适当颜料填嵌。人造石板材镶贴好后，应用顶、卡等方法固定，或使用石膏固定，待水泥砂浆硬化后，方可拆除固定物。为保持光泽，可在板面上均匀涂蜡，用柔软毛巾擦亮。

4.7.3　石材制品应用要点

1. 墙面铺贴要点

1）墙面石材铺贴前应进行挑选，并应按设计要求进行预拼。

2）强度较低或较薄的石材应在背面粘贴玻璃纤维网布。

3）当采用湿作业法（挂贴）施工时，固定石材的钢筋网应与预埋件连接牢固。每块石材与钢筋网拉接点不得少于 4 个。拉接用金属丝应具有防锈性能。灌注砂浆前应将石材背面及基层湿润，并应用填缝材料临时封闭石材板缝，避免漏浆。灌注砂浆宜用 1:2.5 水泥砂浆，灌注时应分层进行，每层灌注高度宜为 150~200mm，且不超过板高的 1/3，振捣应密实。待其初凝后方可灌注上层水泥砂浆。

4）当采用粘贴法施工时，基层处理应平整但不应压光。胶粘剂的配合比应符合产品说明书的要求。胶液应均匀、饱满地刷抹在基层和石材背面，石材就位时应准确，并应立即挤紧、找平、找正，进行顶、卡固定。溢出胶液应随时清除。

5）当采用干挂法施工时应做到以下几点。

① 表面清洁、平整；拼花正确，纹理清晰，颜色均匀一致；非整板部位安装适宜，阴角处石板压向正确。

② 缝格均匀，板缝通顺，接缝嵌塞密实、宽窄一致。

③ 突出物周围的板采取整板套割，尺寸正确，边缘吻合整齐、平顺，滴水线顺直、流水坡向正确，清晰美观。

干挂石材对所用材料质量、施工技术措施、安全等要求较高，且必须具有相应施工资质才能安装。

2. 地面铺贴要点

1）石材铺贴前应浸水湿润，进行对色、拼花并试拼、编号。

2）铺贴前应根据设计要求确定结合层砂浆厚度，拉十字线控制其厚度和石材表面平整度。

3）结合层砂浆宜采用体积比为1:3的干硬性水泥砂浆，厚度宜高出实铺厚度2~3mm。铺贴前应在水泥砂浆上刷一道水灰比为1:2的素水泥浆或干铺水泥1~2mm厚洒水。

4）石材铺贴时应保持水平就位，用橡皮锤轻击使其与砂浆粘结紧密，同时调整其表面平整度及缝宽。

5）铺贴后应及时清理表面，24h后应用1:1水泥浆灌缝，选择与地面颜色一致的颜料与白水泥拌和均匀嵌缝。

4.7.4 石材制品应用质量标准

1. 基本要求

1）板面应平整、洁净、色泽一致，无痕迹和缺损，不得有裂缝、翘曲，表面无泛碱等污染。

2）板间嵌缝应密实，平直宽度和深度应符合设计要求，嵌填材料应色泽一致。

3）采用湿作业法施工的石材应进行防碱背涂处理，板与基体之间的灌注材料应饱满、密实。

4）板上的孔洞应套割吻合，边缘应整齐。

2. 质量标准

石材面板的安装和表面质量应符合上述有关基本要求的内容，检验方法一般用观察、尺量、小锤轻击等。

石材面板的接缝宽度见表4-12。

表4-12 石材面板的接缝宽度

项 次	名 称		接缝宽度/mm
1	石材	光面、镜面	1
2		粗糙面、麻面、条纹面	5
3		天然面	10

石材幕墙安装的允许偏差和检验方法见表 4-13。

表 4-13　石材幕墙安装的允许偏差和检验方法

项次	项　目		允许偏差/mm		检验方法
			光面	麻面	
1	幕墙垂直度	幕墙高度≤30m	10		用经纬仪检查
		30m＜幕墙高度≤60m	15		
		60m＜幕墙高度≤90m	20		
		幕墙高度＞90m	25		
2	幕墙水平度		3		用水平仪检查
3	板材立面垂直度		3		用水平仪检查
4	板材上沿水平度		2		用1m水平尺和钢直尺检查
5	相邻板材板角错位		1		用钢直尺检查
6	幕墙表面平整度		2	3	用垂直检测尺检查
7	阳角方正		2	4	用直角检测尺检查
8	接缝直线度		3	4	拉5m线，不足5m拉通线，用钢直尺检查
9	接缝高低差		1	—	用钢直尺和塞尺检查
10	接缝宽度		1	2	用钢直尺检查

石材面板安装的允许偏差和检验方法见表 4-14。

表 4-14　石材面板安装的允许偏差和检验方法

项次	项　目	允许偏差/mm			检验方法
		光面	剁斧石	蘑菇石	
1	立面垂直度	2	3	3	用2m垂直检测尺检查
2	表面平整度	2	3	—	用2m靠尺和塞尺检查
3	阴阳角方正	2	4	4	用直角检测尺检查
4	接缝直线度	2	4	4	拉5m线，不足5m拉通线，用钢直尺检查
5	墙裙、勒脚上口直线度	2	3	2	拉5m线，不足5m拉通线，用钢直尺检查
6	接缝高低差	0.5	3	—	用钢直尺和塞尺检查
7	接缝宽度	1	2	2	用钢直尺检查

小　结

1. 岩石按形成条件可分为火成岩、沉积岩和变质岩。
2. 石材的命名方式有"产地＋颜色"、"花纹形象＋颜色"、"颜色＋质感"以及特殊命名等。

3. 石材的主要品种有大理石、花岗岩、文化石、人造石材等。

4. 石材制品的选择包括表面观察、规格尺寸、声音鉴别、试水检验等方式。

5. 石材制品的应用方式包括地面铺贴石材、墙面湿作业法（挂贴）石材、墙面干挂石材、人造石材粘贴等。

6. 石材制品的应用要点包括墙面铺贴要点和地面铺贴要点。

7. 石材面板的安装和表面质量应符合基本要求的内容，检验方法一般用观察、尺量、小锤轻击等。

思 考 题

4-1 什么是花岗石？什么是大理石？

4-2 花岗石、大理石有什么不同的特性和使用范围？

4-3 天然文化石包括哪些石材？

4-4 在实际使用时如何选择石材？

4-5 怎样铺设地面石材？

4-6 墙面挂贴石材的操作顺序是什么？

实训练习题

4-1 列出花岗石（红色系列、黑色系列）、大理石（米黄系列、白色系列）的品种名称及特征。

4-2 列表说明石材面板安装的允许偏差和检验方法。

4-3 在材料市场察看各种不同类型的石材制品，并书写文章一篇，题目为《石材制品在公共建筑装饰中的应用》。

第5章 建筑陶瓷制品与应用

学习目标：通过本章内容的学习，了解建筑陶瓷制品（陶瓷砖）的特性、表面装饰原理，熟悉陶瓷砖的品种类型、发展趋势，掌握陶瓷砖的选用、应用方式和质量标准，提高对陶瓷砖在建筑装饰装修中的设计应用能力。

陶瓷制品是以黏土为主要原料，经配料、制坯、干燥、焙烧而制成的（焙烧温度在1100℃左右或以上）。建筑陶瓷是指建筑室内外装饰装修用的烧土制品，其主要品种有内外墙面砖、地砖、陶瓷锦砖、琉璃瓦、陶瓷壁画、陶瓷饰品和室内卫生陶瓷洁具等。

我国的陶瓷生产有着悠久的历史和光辉的成就，尤其是瓷器，它是我国的伟大发明之一。唐代的越窑青瓷和邢窑白瓷、唐三彩；宋代的高温色釉及碎纹釉、铁系花釉，如兔毫、油滴、玳瑁斑等；明清时期的青花、粉彩、祭红（即窑红）等产品都是我国陶瓷史上光彩夺目的明珠。我国的陶瓷制品无论在材质、造型或装饰方面都有很高的艺术造诣，它对世界陶瓷的发展和世界文化产生了极为深刻的影响。然而我国漫长的封建社会和旧中国的腐朽，严重阻碍了传统陶瓷技术的发展。解放以后，我国建筑陶瓷的生产发展十分迅速，尤其是进入20世纪80年代以来，我国从意大利、日本、德国等引进了建筑陶瓷生产技术和设备，并积极推广应用先进生产工艺，从根本上改变了我国建筑陶瓷的生产面貌。目前我国陶瓷砖年产量已超过了100亿 m²，花色品种有上百种，有的产品已达世界先进水平，被广泛用于国内各类建筑装饰工程中。

5.1 陶瓷砖的类型

陶瓷砖按材质主要分为五类：瓷质砖，吸水率≤0.5%；炻瓷砖，0.5%＜吸水率≤3%；细炻砖，3%＜吸水率≤6%；炻质砖，6%＜吸水率≤10%；陶质砖，吸水率＞10%。

5.2 陶瓷砖的表面装饰

烧结的陶瓷制品表面都较粗糙无光，影响美观及力学性能，容易污染和吸湿，不能满足建筑装饰要求，因此，陶瓷砖表面时常涂玻璃质层——釉（釉面砖）。

坯体表面施釉，经高温焙烧后，釉与坯体表面发生反应，在坯体表面形成一层玻璃质，具有玻璃般的光泽和透明度，使坯体表面变得平整、光滑、不吸水、不透气，提高艺术性和强度，同时对图案画面起透视和保护作用，并防止彩料中有毒元素溶出，扩大其应用范围。釉的原料分天然原料和人造化工原料两类，天然原料和坯体原料基本相同，但要求化学成分更纯，杂质含量更少，以保证制品的强度、光泽、颜色、热稳定性等；人造化工原料作为溶剂、乳浊剂使用，在不同基础釉料中加入陶瓷着色剂可制成各种花色的釉面砖。

5.3　陶瓷砖的品种

5.3.1　釉面内墙砖

釉面内墙砖又名釉面砖、瓷砖、瓷片、釉面陶土砖。釉面砖是以难熔黏土为主要原料，再加入非可塑性掺料和助熔剂，共同研磨成浆，经榨泥、烘干成为含有一定水分的坯料，并通过机器压制成薄片，然后经过烘干、素烧、施釉等工序制成。釉面砖是精陶制品，吸水率较高，通常大于10%的（不大于21%）属于陶质砖。

釉面砖正面施有釉，背面呈凹凸状，釉面有白色、彩色、花色、结晶、珠光、斑纹等品种。

1. 分类

釉面内墙砖按形状可分为通用砖（正方形、长方形）和异形配件砖两大类。

2. 质量等级

釉面内墙砖的质量等级分为优等品、合格品。

3. 特性

1）仿真性强，花色品种多，表面色泽柔和，平滑、光亮、装饰效果好。

2）防火、防潮、热稳定性好，耐酸、耐碱、耐腐蚀，坚固耐用，易清洁。

3）缺点：精陶制品吸水率较大，内部多孔，强度不高；在室外应用时釉层可能发生开裂、剥落甚至釉面砖破损，因此不宜用于室外和地面装饰。

4. 应用

釉面内墙砖主要用作厨房、浴室、卫生间、实验室、医院等室内墙面、台面等饰面装饰。

5. 规格

釉面内墙砖的厚度为5～7mm，形状一般为正方形和长方形，常见尺寸为152mm×152mm、200mm×200mm、200mm×250mm、200mm×300mm、350mm×400mm等。

各种"腰带"面砖装饰华丽、美观，常见尺寸为60mm×200mm、80mm×300mm等。

6. 物理性能

吸水率为10%～21%，平均弯曲强度大于16MPa。稳定性：140℃至常温剧变三次不开裂；布氏硬度：85度。釉面墙砖性能见表5-1。

表 5-1　釉面墙砖性能

项 目 名 称	指　标	项 目 名 称	指　标
长度（%）	±0.5	弯曲强度	>16MPa
宽度（%）	±0.5	釉面强度	釉裂试验无裂痕和剥落
厚度（%）	±10.0	耐酸性	报告耐化学腐蚀性等级最小级
平整度（%）	±0.3	耐碱性	
边直度（%）	±0.2	抗污性	不低于 3 级
直角度（%）	±0.3	耐急冷急热性	140℃至常温剧变三次不开裂
吸水率（%）	10~21		

5.3.2　墙地砖

墙地砖以优质陶土为原料，再加入其他材料配成主料，经半干并通过机器压制成形后于 1100℃左右焙烧而成。墙地砖通常指建筑物外墙贴面用砖和室内、外地面用砖，由于这类砖通常可以墙地两用，故称为墙地砖。墙地砖吸水率较低，均不超过 10%。墙地砖背面呈凹凸状，以增加其与水泥砂浆的粘结力。

墙地砖的表面经配料和工艺设计可制成平面、毛面、磨光面、抛光面、花纹面、仿石面、压花浮雕面、无光釉面、金属光泽面、防滑面、耐磨面等品种。

1. 分类

1）按表面装饰分为无釉墙地砖和有釉墙地砖（又名彩釉砖）。

2）按材质分为炻质砖、细炻砖、炻瓷砖、瓷质砖四类。

3）按用途分为外墙砖、室内地面砖、广场砖、花园砖、防滑踏步砖等。

2. 质量等级

墙地砖的质量等级分为优等品、合格品。

3. 品种

（1）广场地砖　广场地砖是一种仿石地砖，表面仿天然石材纹理，防滑、耐磨、吸水率小于 3%、强度高、抗冻性强，是理想的室外地面装饰材料。

广场地砖形状分为正方形、梯形、扇形、转角形，色彩丰富，可灵活拼贴和设计成不同图案，具有开阔视野、延伸空间的装饰效果。其常见规格尺寸为 100mm×60mm、100mm×100mm、150mm×150mm、200mm×200mm、250mm×250mm、300mm×300mm 等，厚度为 15~18mm。

（2）陶瓷锦砖　陶瓷锦砖又名马赛克（Mosaic），它是指由边长不大于 40mm，具有各种色彩和形状的小块砖镶拼成各种花色图案的陶瓷制品。

陶瓷锦砖以优质瓷土烧制而成，表面大都不施釉。陶瓷锦砖的形状有正方形、长方形、对角形、斜长条形、六角形、半八角形、长条对角形等多种，厚度一般为 5mm，出厂前均已按各种设计图案反贴于牛皮纸上，故俗称纸皮砖。由于陶瓷锦砖吸水率低，可用于室内外的墙地面饰面。

1）分类。无釉陶瓷锦砖：吸水率不大于 0.2%，属于瓷质砖；有釉陶瓷锦砖：吸水率不大于 1%，属于炻瓷砖。

2）质量等级。陶瓷锦砖的质量等级分为一级品、二级品。

3）特性。

① 质地坚硬、吸水率低，强度高，耐磨、耐腐、耐水、抗火、抗冻。

② 形状、色彩多，可按设计拼图，具有独特的装饰效果。

4）用途。内、外墙面，室内地面、花园小径以及游泳池、壁画等装饰。

（3）劈裂砖　劈裂砖是将一定配比的原料，经粉碎、炼泥、真空挤压成型、干燥、高温烧结而成。由于成型时为双砖背联坯体，烧成后再劈离成两块砖，故又称劈离砖，也属于墙地砖。

1）特性。

① 色彩丰富，具有自然断口，质感强，装饰效果好。

② 强度高，吸水率低（不大于6%），防腐，耐水，耐急冷急热，耐酸，耐碱，防滑，抗冻。

2）用途。外墙面，楼、堂、馆、所、车站、餐厅等室内地面，广场、停车场、人行道地面以及浴室、池岸的饰面材料。

（4）玻化砖　玻化砖是一种无釉瓷质墙地砖，砖面有仿花岗石、仿大理石纹理和颜色，并有抛光和无光之分。玻化砖采用精致磨光工艺，其表面光泽、耐磨性、质感均可与天然品媲美，其特点为色泽绚丽、古朴大方、效果逼真，既典雅，又坚韧，由于其硬度高，抗冻性好，吸水率几乎等于零，可广泛用于各类建筑的室内外地面、墙面的装饰。玻化砖规格较大，常用的有500mm×500mm、600mm×600mm、800mm×800mm等。瓷质釉面地砖性能见表5-2，瓷质抛光地砖性能见表5-3。

1）特性。

① 结构致密、孔隙率低、吸水率低、强度大、硬度高、耐冲击。

② 防水、抗火、抗冻、耐急冷急热、不易起尘、易清洁、色彩图案多，装饰效果好。

③ 作为地砖制品防滑性能好。

2）用途。室内、外墙面，地面，台面，大幅面玻化砖可用于幕墙。

表5-2　瓷质釉面地砖性能

项目名称	指标	项目名称	指标
吸水率（%）	<1.0	直角度（%）	±0.7
弯曲强度/MPa	>30	边直度（%）	±0.6
表面莫氏硬度	>5	耐磨性	不作规定
边长偏差（%）	±0.6	抗急冷急热	3次不出现炸裂或裂纹
厚度偏差（%）	±10.0	光泽度	>55
表面平整度（%）	±0.6		

表 5-3　瓷质抛光地砖性能

项目名称	指　标	项目名称	指　标
吸水率（%）	<0.5	直角度（%）	±0.7
弯曲强度/MPa	>30	边直度（%）	±0.6
表面莫氏硬度	>6	耐磨性	<205
边长偏差（%）	±1.0	抗急冷急热	3 次不出现炸裂或裂纹
厚度偏差（%）	±5.0	光泽度	>55
表面平整度（%）	±0.6		

5.4　陶瓷砖发展趋势

5.4.1　色彩多样化

随着人性化、个性化装饰风格的日益深入，建筑陶瓷砖的色彩越来越呈现出多样化，从原来单一的白色已发展成纯白色、乳白色、浅黄色、米色、灰色、红色、深蓝等多色产品互相争艳的情形，使建筑空间更加实用、美观。

5.4.2　规格大型化

为了既能满足使用功能需要，又能拓展建筑使用空间，营造豪华的氛围，大规格的地砖、面砖产品已得到越来越广泛的应用，不仅可用于居住建筑的客厅、厨房、卫生间，而且还大量应用于办公大楼、教学大楼、商场等公共建筑的地面和墙面装饰。

5.4.3　产品艺术化

由于人们艺术修养和欣赏能力的不断提高，高品质、多姿色的建筑陶瓷砖日益发展为耐久实用和艺术观赏相结合的建筑装饰材料。仿实木、仿布纹、仿石材、仿兽纹、仿丝绸印花等瓷砖，在视觉效果上几乎可以以假乱真，营造出更柔和亲近的氛围。

5.5　陶瓷砖的应用

5.5.1　陶瓷砖的应用方式

1. 墙面镶贴陶瓷锦砖

1）基层处理。对水泥砂浆墙面进行凿毛处理，凿毛深度为 0.5～1.5cm，间距为 3cm，然后用钢丝刷刷净后，再用水冲洗干净。

2）套浆。为使面层与基层结合牢固，可用素水泥浆（也可加入 10% 的胶水）套浆，套浆前先湿润基层。

3）基层抹灰。套浆后注意养护，隔日即可进行基层抹灰。配合比为水泥:石灰膏:砂 =

1:0.1:2.5。抹灰厚度以 1.5cm 左右为宜。

4）放线。按陶瓷锦砖的规格在基层上弹线，水平线每张一道，垂直线每 2～3 张一道，垂直线要与角垛的中心线保持平行，水平线要同楼地面保持一致。

5）铺贴。基层砂浆抹灰后次日可进行铺贴。先在润湿的基底上抹 2mm 厚素水泥浆，并把陶瓷锦砖背面朝上，纸面向下，用素水泥浆刮满陶瓷锦砖缝隙，然后贴陶瓷锦砖。贴后用木拉板轻轻拍平压实，均匀地从边拍到中间，使陶瓷锦砖与基层砂浆粘结牢固。锦砖间的缝隙以 3mm 为宜，防止揭纸后看出界线。陶瓷锦砖粘贴前不必像瓷砖、面砖一样浸水湿润。如果要增强粘结力，可在水泥浆中加入适量白胶（聚醋酸乙烯乳液）。铺贴顺序一般由下而上，下部使用托尺杆，把托尺杆压在水平线上，然后一张张往上贴。

6）揭纸。待水泥初凝后，即可润水揭纸。先将牛皮纸湿透，用木拍板轻轻敲击数遍，便可将纸由上而下轻轻揭下，再用毛刷刷净剩纸和胶水，然后用棉纱擦净。对于破碎的锦砖要及时更换。

7）擦缝。先用竹签将接槎部位水泥浆剔去，然后再用白水泥浆擦缝，面层清理后次日即可喷水保养。

2. 铺贴内墙瓷砖

1）抹底灰。底灰一般为 1:3 水泥砂浆，厚为 7～12mm。抹灰前应清理基层，对凹凸不平的墙面应凿平或预补。如果是旧墙面，应先用烧碱或洗涤剂洗净油污，用清水冲洗，然后用 1:1 水泥砂浆加 801 胶水溶液（801 胶:水 =3:7）拌和，向墙面上甩成小拉毛，2d 后再抹底灰。

2）抹结合层。在底灰上抹 1:2 水泥砂浆结合层，作为底灰和粘贴砂浆间的过渡，其搓平后即可弹分格线。

3）弹线、拉线。

① 弹竖线。用墨斗弹出竖线，按瓷砖宽度尺寸加 1mm。在墙面两侧镶贴竖向定位瓷砖，厚为 5～7mm。定位瓷砖的底要与水平线吻合。

② 弹水平线。在距地面一定高度处弹水平线（此高度视瓷砖排列情况而定，但不应小于 5cm，以便放置托板），使托板顶面与水平线吻合。

③ 挂平整线。在两侧竖向定位瓷砖带上，挂平整线，它既可保证每一层瓷砖在同一水平线上，又可利用它控制整个墙面平整度。

4）设木托板。以弹线为依据设置支撑瓷砖的木托板，以防止瓷砖在水泥浆未硬化前下坠。木托板表面应刨削平整，其顶面与水平线相平，第一行瓷砖就在木托板面上镶贴。

5）施工前应将瓷砖放在水中浸透，墙面要浇水润湿。对于需要切割的瓷砖应用切割机或钨钢刀划切。

6）贴瓷砖。用纯水泥浆在瓷砖背面满抹灰浆，四边刮成斜面，左手持抹有灰浆的瓷砖，以线为标志贴于未初凝的结合层上，就位后用灰匙手柄轻轻敲击瓷砖，使其粘牢平整。每贴几块后，要检查平整度和缝隙，阴阳角处可用阴阳角条，也可用整块瓷砖对缝，阳角对缝瓷砖需沿边沿切削 45°角。

7）勾缝。瓷砖镶贴好后，清除沾在表面的水泥砂浆并用竹签划缝，用布、丝棉擦洗表面，再用与瓷砖同色的水泥浆擦缝（白瓷砖用白水泥）。待全部工程完成，嵌缝材料硬化后，视不同污染程度，用毛巾、棉纱将表面擦净。如干结的水泥擦不掉，可用稀盐酸擦洗并用清水冲刷干净。

为了保证瓷砖镶贴美观，分格预排瓷砖十分重要，有时还要画出分配详图，按图施工。若整块瓷砖和配件瓷砖不能刚好满铺墙面时，应加以调整，一般在两侧或下部调整。厕所、浴室内的洁具，肥皂盒、手纸盒应预先安装就位才能贴瓷砖。施工中如发现有镶贴不密实的瓷砖，必须取下重贴，不得在砖口处塞灰，防止空鼓。

3. 铺贴外墙面砖

1）抹底灰。底灰一般为 1:3 水泥砂浆，厚为 7～12mm。抹灰前应清理基层，对凹凸不平的墙面应凿平或预补。如果是旧墙面，应先用洗涤剂洗净油污，用清水冲洗，然后用 1:1 水泥砂浆加 801 胶水溶液（801 胶:水 = 3:7）拌和，向墙面上甩成小拉毛，2d 后再抹底灰。

2）抹结合层。在底灰上抹 1:2 水泥砂浆结合层，作为底灰和粘贴砂浆间的过渡，其搓平后即可弹分格线。

3）弹线、拉线。

① 弹竖线。用墨斗弹出竖线，按瓷砖宽度尺寸加 1mm。在墙面两侧镶贴竖向定位瓷砖，厚为 5～7mm。定位瓷砖的底要与水平线吻合。

② 弹水平线。在距地面一定高度处弹水平线（此高度视瓷砖排列情况而定，但不应小于 5cm，以便放置托板），使托板顶面与水平线吻合。

③ 挂平整线。在两侧竖向定位瓷砖带上，挂平整线，它既可保证每一层瓷砖在同一水平线上，又可利用它控制整个墙面平整度。

4）设木托板。以弹线为依据设置支撑瓷砖的木托板，以防止瓷砖在水泥浆未硬化前下坠。木托板表面应刨削平整，其顶面与水平线相平，第一行瓷砖就在木托板面上镶贴。

5）施工前应将瓷砖放在水中浸透，墙面要浇水润湿。对于需要切割的瓷砖应用切割机或钨钢刀划切。

6）贴墙面砖。用 1:2 水泥砂浆作粘贴砂浆，为了增加砂浆粘结性能，在水泥砂浆中加 15% 纸筋灰。粘贴顺序是：先贴墙柱，后贴墙面，再贴窗间墙，宜自下而上进行。贴墙面砖前应将面砖浸水湿透并晾干。操作时用铲刀先将少许水泥砂浆在墙面砖背面刮一下，再用纸筋灰铺贴，并用铲刀木柄轻敲，使其粘结牢固。铺贴墙面砖应保持上口平，垂直边如有偏差可用木片垫平，并将上口用砂浆刮平后放上杉木条（俗称"米厘条"），再贴第二皮墙面砖，垂直缝应以弹线为准。铺贴时，直缝应随时清理干净。"米厘条"取出后，应及时用水洗净，以便继续使用。墙面砖铺贴好后即用 2m 直尺托平，做到接缝平整，头角齐直。

7）勾缝。用 1:1 水泥砂浆分皮嵌实，头遍用水泥砂浆，第二遍按设计要求用彩色水泥砂浆勾凹缝，凹进墙面砖的深度为 3mm。墙面砖拼缝处的残留砂浆必须及时清理干净。

4. 铺贴陶瓷地砖

1）清理基层。扫除积灰，铲除杂物，用清水冲洗干净，并保持地面润湿。

2）刷水泥浆一道，以保证面层与基层有良好的粘结性。

3）抹底灰。方法和要求同水泥地面做法，找平底灰用 15mm 厚的 1:3 或 1:4 水泥砂浆，表面刮平搓毛，浇水养护。

4）弹线、拉线。底灰达到一定强度后，在底灰上弹出定位中线，在墙面上弹出水平线。各房间的水平线要统一，以免在门口与走道交接处和相邻房间之间地面出现高差。按照地砖的规格拉尼龙通线，排砖尺寸要考虑缝宽。如做碰缝，则不需考虑缝宽。地砖纵横排放线如图 5-1 所示。

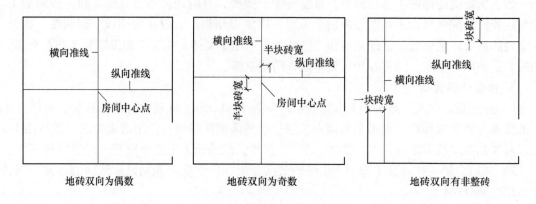

图 5-1 地砖纵横排放线

5）铺贴。先将地砖浸水 2~3h，取出后晾干或擦干。地面如有镶边，可先铺中间部分，然后再铺镶边部分或有图案部分。地砖一般都做碰缝，地砖与地砖之间留有 1~1.5mm 的伸缩缝。铺贴时，在地砖背面先刮素水泥浆或铺 10~15mm 厚水泥砂浆，然后粘贴，用小木锤拍实。如果在水泥砂浆中加入适量的 801 胶，可以增加粘结强度（大规格地砖铺设方法同花岗石）。

6）填缝及养护。地砖铺完后，用 1:1 水泥砂浆填缝，或用白水泥嵌缝。待水泥砂浆一收水，即可用锯末清扫表面，在常温下铺贴 24h 后浇水养护 3~4d，养护期间不得踩踏。

5. 地面镶贴陶瓷锦砖

1）清理地面。将灰砂、油污和尘灰清除干净，并做补强处理。基层浇水湿润。

2）设置标筋。根据墙面水平线，在地面四周拉线，找好泛水坡度，并设置标筋（应低于地面标高 - 陶瓷锦砖厚度）。

3）基层抹水泥砂浆。先均匀洒水，用水泥:砂 = 1:3 的水泥砂浆做基层，厚度一般为 2cm。用铁抹子将水泥砂浆拍实，再用 2m 直尺按标筋刮平，然后用木抹子搓平。水泥砂浆的干硬程度，以手捏成团落地开花为宜。

4）弹线。待找平层干后，按陶瓷锦砖的规格弹十字墨线，用方尺由墙面兜方弹出控制线。

5）铺贴陶瓷锦砖。浇水湿润找平层，将硬直尺放平，并对齐墨线，刮水泥浆。陶瓷锦砖纸面朝上，一边紧靠硬直尺，对准墨线，依次铺贴。两间连通的房间，应在门口中间弹线，先沿纵向铺好一张后，再往两边铺贴。单间房间，应从门口开始铺贴。有镶边的地面，宜先铺镶边部分。铺贴陶瓷锦砖地面，一般采用退步法，也可站在铺好垫板的陶瓷锦砖上，按顺序向前铺贴。铺到尽头，如果稍紧，可把纸切开，均匀挤缝；如果出现缝隙，则可把纸切开，均匀展缝。当调缝仍解决不了时，用薄钢錾子将单块陶瓷锦砖凿成所需尺寸铺贴。整个房间铺完后，用锤子和拍板由一端开始，依次拍击一遍，拍平拍实，要求拍至水泥浆灌满缝隙。陶瓷锦砖铺贴图形如图 5-2 所示。

6）揭纸。用喷壶洒水，以纸面湿透为宜。水不宜过多，过多会使陶瓷锦砖浮起，过少不易揭纸。常温下，经 15min 左右就可依次把牛皮纸揭掉，并用刮刀清除纸毛。

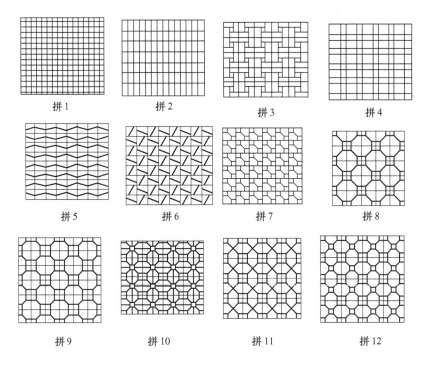

拼 1　　　　拼 2　　　　　拼 3　　　　　拼 4

拼 5　　　　拼 6　　　　　拼 7　　　　　拼 8

拼 9　　　　拼 10　　　　拼 11　　　　拼 12

图 5-2　陶瓷锦砖铺贴图形

7）调缝拨缝。用拨板轻轻调整缝隙，边调缝边拍实。用 1:1 水泥砂浆灌缝，或用白水泥浆将所有缝隙全部灌满嵌实，并在上面铺锯木屑养护。4~5d 后方可上人，如发现个别小块松动或缺料，应及时修补。有地漏的卫生间和厨房，铺贴陶瓷锦砖应按排水方向找出 0.5%~1% 坡度的泛水，铺好后需泼水检验是否合格。

5.5.2　陶瓷砖的应用要点

1. 地砖铺贴要点

1）地砖铺贴前应浸水湿润，并进行对色、拼花并试拼、编号。

2）铺贴前应根据设计要求确定结合层砂浆厚度，拉十字线控制其厚度和地砖表面平整度。

3）大规格地砖铺贴与石材一样，其结合层砂浆宜采用体积比为 1:3 的干硬性水泥砂浆，厚度宜高出实铺厚度 2~3mm。铺贴前应在水泥砂浆上刷一道水灰比为 1:2 的素水泥浆或干铺水泥 1~2mm 厚洒水。

4）地砖铺贴时应保持水平就位，用橡皮锤轻击使其与砂浆粘结紧密，同时调整其表面平整度及缝宽。

5）铺贴后应及时清理表面，24h 后应用 1:1 水泥浆灌缝，选择与地面颜色一致的颜料与白水泥拌和均匀后嵌缝。

2. 墙面砖铺贴要点

1）墙面砖铺贴前应进行挑选，并应浸水 2h 以上，晾干表面水分。

2）铺贴前应进行放线定位和排砖，非整砖应排放在次要部位或阴角处。每面墙不宜有两列非整砖，非整砖宽度不宜小于整砖1/3。

3）铺贴前应确定水平及竖向标志，垫好底尺，挂线铺贴。墙面砖表面应平整、接缝应平直、缝宽应均匀一致。阴角砖应压向正确，阳角线宜做成45°角对接。在墙面突出物处，应整砖套割吻合，不得用非整砖拼凑铺贴。

4）结合砂浆宜采用1:2水泥砂浆，砂浆厚度宜为6~10mm。水泥砂浆应满铺在墙砖背面，一面墙不宜一次铺贴到顶，以防塌落。

5.5.3　陶瓷砖选用方法

1. 外观检查

瓷砖的色泽要均匀，表面光洁度及平整度要好，周边规则，图案完整，从一箱中抽出四五片察看有无色差、变形、缺棱少角等缺陷。

先从包装箱中任意取出一片，看表面是否平整、完好，釉面应均匀、光亮，无斑点、缺釉、磕碰现象，四周边缘规整。釉面不光亮、发涩或有气泡都属质量问题。

其次，再取出一片，两片对齐，中间缝隙越小越好。如果是图案砖必须用四片才能拼凑出一个完整图案来，还应检查砖的图案是否衔接、清晰。然后将一箱砖全部取出，平摆在一个大平面上，从稍远的地方看整个效果，不论白色、其他色或图案，应色泽一致，如有深浅不一，就会影响整个装饰效果。

2. 声音鉴别

用硬物轻击，声音越清脆，则瓷化程序越高，质量越好。也可以用左手拇指、食指和中指夹瓷砖一角，轻松垂下，用右手食指轻击瓷砖中下部，如声音清亮、悦耳为上品，如声音沉闷、滞浊为下品。

3. 滴水试验

可将水滴在瓷砖背面，看水散开后浸润的快慢，一般来说，吸水越慢，说明该瓷砖密度越高，质量就越好；反之，吸水越快，说明瓷砖密度越低，质量就越差。

4. 规格尺寸

瓷砖边长的精确度越高，铺贴后的效果越好，买优质瓷砖不但容易施工，而且能节约工时和辅料。用卷尺测量每片瓷砖的规格尺寸有无差异，精确度高的为上品。再就是把这些瓷砖一块挨一块竖起来，比较瓷砖的尺寸是否一致，偏差是否在国家有关规定的范围内。

5. 硬度划痕

瓷砖以硬度良好、韧性强、不易破碎为上品。用瓷砖的残片棱角互相划痕，察看破损的碎片断裂处是细密还是疏松；是硬、脆还是较软；是留下划痕，还是散落的是粉末。如属前者即为上品，后者即质量较差。

6. 密度掂量

用手掂砖，看手感沉重与否，是则致密度高，硬度高，强度高，反之则质地较差。

7. 釉面识别

在1m内以肉眼观察表面有无针孔，若有，表示釉面没有完全融合，易产生堆积污物的情形。

8. 质量观察

质量好的地砖规格大小统一，厚度均匀，地砖表面平整光滑，无气泡、无污点、无麻面、色彩鲜明、均匀有光泽、边角无缺陷、90°直角不变形，花纹图案清晰，抗压性能好，不易坏损。

5.5.4 使用保养

1）陶瓷砖日常清洁可用清水及洗洁剂（如洗洁精、肥皂水等）清洗。

2）地面抛光砖应经常保持清洁，尘土、沙砾应及时清除以防磨伤砖面。当抛光砖表面出现轻微划痕时，可在划痕上涂少许牙膏，用柔软干布用力反复擦拭以擦去划痕。

5.5.5 陶瓷砖应用质量标准

1. 基本要求

1）表面应平整、洁净、色泽一致，无痕迹和缺损。

2）接缝平直、均匀、光滑，嵌填应连续、密实，宽度和深度应符合设计要求。

3）有排水要求的地面或墙面应做好坡度或滴水线（槽），流水坡方向应正确，滴水线（槽）应顺直，地面无积水。

4）粘贴施工的饰面砖工程应无空鼓、裂缝。

5）卫生间、厨房间地面及与其他用房的交接墙面处应作防水处理，防水材料的性能应符合国家有关标准的规定。

2. 质量标准

陶瓷砖粘贴的表面质量应符合上述有关基本要求的内容，检验一般用观察、尺量、小锤轻击等方法。饰面砖粘贴的允许偏差和检验方法见表5-4，地砖铺贴的允许偏差和检验方法见表5-5。

表 5-4 饰面砖粘贴的允许偏差和检验方法

项 次	项 目	允许偏差/mm		检验方法
		外墙面砖	内墙面砖	
1	立面垂直度	3	2	用2m垂直检测尺检查
2	表面平整度	4	3	用2m靠尺和塞尺检查
3	阴阳角方正	3	3	用直角检测尺检查
4	接缝直线度	3	2	拉5m线，不足5m拉通线，用钢直尺检查
5	接缝高低差	1	0.5	用钢直尺和塞尺检查
6	接缝宽度	1	1	用钢直尺检查

表 5-5 地砖铺贴的允许偏差和检验方法

项 次	项 目	允许偏差/mm	检验方法
1	表面平整度（有坡度要求除外）	2	用2m靠尺和塞尺检查
2	接缝高低差	0.5	用钢直尺和塞尺检查
3	接缝直线度	2	拉5m线，不足5m拉通线，用钢直尺检查
4	接缝宽度	1.5	用钢直尺检查

5.6 建筑琉璃制品

建筑琉璃制品是用难熔黏土成形后，经干燥、焙烧、施釉、釉烧而成。在建筑琉璃制品表面形成釉层，既提高了表面强度，又提高了防水性，同时也增加了美观效果。

建筑琉璃制品是我国陶瓷宝库中的古老珍品，早在南北朝就开始在屋面使用琉璃瓦（板瓦、筒瓦、滴水瓦、勾头等）；在檐口和屋脊使用垂兽、兽吻、角兽。古代琉璃盛行于山西各地，故又有山西琉璃之称。琉璃制品示意如图 5-3 所示。

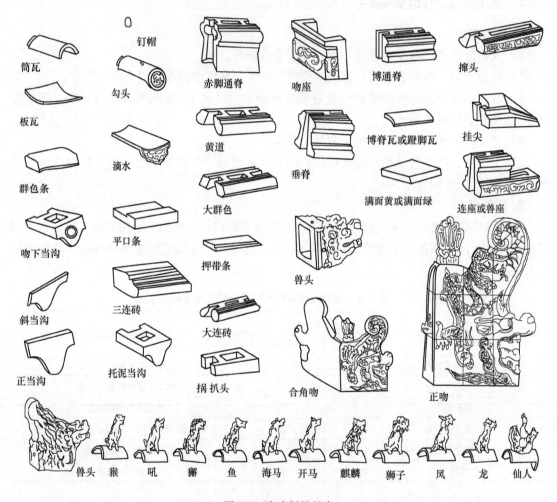

图 5-3　琉璃制品示意

在唐、宋、明朝，建筑琉璃制品得到大量应用。如北京清故宫太和殿正吻，高 3.36m，由 13 块构件组成，重 3650kg。琉璃瓦、琉璃屋面构件不仅品种多样，而且色泽鲜艳，从著名的唐三彩和开封北宋佑国寺琉璃塔来看，唐宋时期的琉璃瓦、琉璃屋面构件决不止黄、绿两种颜色，元代宫殿的琉璃瓦和琉璃屋面构件已有白、青颜色，明代和清代又有桃红色、黑色和酱色等颜色。

采用琉璃瓦屋盖的建筑，显得格外具有东方民族风格，富丽堂皇，光辉夺目，雄伟壮观。由于琉璃瓦价格昂贵，且自重较大，所以主要用于具有民族色彩的宫殿式建筑，以及少数纪念性建筑物上。此外，还常用于建筑园林中的亭、台、楼阁，以增加园林的景色。

在现代建筑中，往往采用琉璃檐点缀建筑物立面。琉璃檐是将琉璃瓦挂贴在预制混凝土槽形板上，然后整体安装，既美观大方，又幽雅别致，在我国的北京、西安、成都、苏州等地应用较多。建筑琉璃制品质地致密，表面光滑，不易玷污，经久耐用，流光溢彩，造型古朴，富丽典雅，新颖独特，融建筑与装饰为一体，是古代建筑和现代建筑理想的装饰材料。

小　结

1. 陶瓷砖按材质主要分为瓷质砖、炻瓷砖、细炻砖、炻质砖、陶质砖五类。
2. 陶瓷砖的主要品种包括釉面内墙砖和墙地砖。
3. 陶瓷砖的发展趋势是向色彩多样化、规格大型化、产品艺术化方向发展。
4. 陶瓷砖的应用方式包括墙面镶贴陶瓷锦砖、铺贴内墙瓷砖、铺贴外墙面砖、铺贴陶瓷地砖、地面镶贴陶瓷锦砖等。
5. 陶瓷砖的应用要点包括地砖铺贴要点和墙面砖铺贴要点。
6. 陶瓷砖的选用方法包括外观检查、声音鉴别、滴水试验、规格尺寸、硬度划痕、密度掂量、釉面识别、质量观察等。
7. 陶瓷砖粘贴的表面质量应符合基本要求的内容，检验一般用观察、尺量、小锤轻击等方法。

思　考　题

5-1　建筑陶瓷砖有哪些类型？
5-2　釉面砖的特性是什么？
5-3　墙地砖的类型有哪些？
5-4　怎样铺贴内墙面砖？
5-5　铺设地砖有哪些操作程序？
5-6　怎样选用陶瓷砖？

实训练习题

5-1　列表说明釉面砖的物理性能。
5-2　选择若干陶瓷砖进行质量分析和比较。
5-3　用检测工具对已完工的内墙面砖进行质量检验。

第6章 玻璃制品与应用

学习目标：通过本章内容的学习，了解玻璃制品的作用和质量，熟悉玻璃制品的品种类型，掌握玻璃制品的应用要点和质量标准，提高对玻璃制品在建筑装饰装修中的设计应用能力。

玻璃是以石英砂、纯碱、石灰石等为主要原料，并加入助熔剂、脱色剂、着色剂、乳浊剂等辅助原料，经加热熔融、成形、冷却而成的一种硅酸盐材料。若加入金属氧化物或进行特殊处理，可制出不同性能的特种玻璃。玻璃是一种几乎无空隙的高密度材料，但又是一种脆性材料。现代建筑的玻璃已由单一的采光功能向控制光线、调节能量、降低噪声、改善室内外环境等多功能方向发展。

玻璃的化学组成较复杂，用不同配料和生产工艺制成的玻璃，成分不同，性能和应用范围也不同。玻璃的抗压强度为 $600 \sim 1600MPa$，而抗拉强度仅为 $40 \sim 120MPa$，在冲击荷载的作用下容易破碎，是典型的脆性材料。玻璃表观密度较大，约为 $2450 \sim 2550kg/m^3$。玻璃的热稳定性差，遇沸水易破裂；其化学稳定性较好，耐酸性强，能抵抗除氢氟酸以外的多种酸类侵蚀，但碱性和金属碳酸盐能溶蚀玻璃。玻璃长期受水作用，会水解而生成碱和硅酸，这种现象称为玻璃的风化。随着风化程度的加深，生成的硅酸被玻璃表面所吸附，形成薄膜，阻止玻璃表面继续风化。

玻璃有极好的光学性质，它不仅能通透光线，而且还能反射和吸收光线。玻璃吸收光线的能力随其化学组成、颜色而异，一般是无色玻璃可透过各种颜色的光线，吸收红外线和紫外线，而各种颜色玻璃能透过同色光线，吸收其他颜色光线。

6.1 玻璃的作用

1）采光——用于各种门、窗玻璃等。

2）围护、分隔空间——指各类室内玻璃隔墙、隔断等。

3）控制光线——如外墙有色玻璃、镀膜玻璃等。

4）反射——指镜面玻璃。

5）保温、隔热、隔声、安全等多功能——如夹层玻璃、中空玻璃、钢化玻璃等。

6）艺术效果——经着色、刻花等工艺处理，可制成玻璃屏风、玻璃花饰、玻璃雕塑品等，使玻璃成为良好的艺术装饰材料。

6.2 玻璃的质量

6.2.1 透光度

在透过光线时，玻璃表面要发生光线的反射，玻璃内部对光线产生吸收，从而使透过光线的强度降低。窗用平板玻璃是建筑物的主要使用品种，应具有一定的透光度和外观质量。窗用平板玻璃的透光度要求为 80% ~ 90%。

6.2.2 外观质量

由于生产工艺不同，玻璃可能会产生不同的外观缺陷而影响其使用效果。

1. 波筋

波筋又称水线，是玻璃最容易出现，也是最严重的缺陷，其会使光线通过玻璃时产生不同的折射，形成光学畸变。光学畸变的表现，是当人们用肉眼与玻璃形成一定角度观察时，会看到玻璃面上有一条条像波浪似的条纹，通过带有这种缺陷的玻璃观察物像时，所看到的物像会发生变形、扭曲，运动着的被观察物会产生跳动感。玻璃光学畸变现象如图 6-1 所示。

 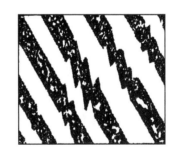

浮法玻璃　　　　　　　　　　垂直引上法玻璃

图 6-1　玻璃光学畸变现象

2. 气泡

玻璃中含有气体，在成形时会形成气泡，气泡影响玻璃的透光度，降低玻璃的机械强度，并产生视觉物像变形。

3. 线道

玻璃板出现的很细很亮且连续不断的条纹，像线一样，影响玻璃外观。

4. 砂粒

玻璃中突出的异物，影响玻璃的光学性能。

6.3 玻璃的品种

6.3.1 普通建筑玻璃

普通建筑玻璃分为普通平板玻璃和装饰平板玻璃。

普通平板玻璃包括引上法普通平板玻璃、平行引拉法普通平板玻璃和浮法玻璃。

装饰平板玻璃包括毛玻璃、彩色玻璃、花纹玻璃、印刷玻璃、冰花玻璃、镭射玻璃等。

1. 普通平板玻璃

普通平板玻璃具有良好的透光透视性能，透光率达到85%左右，紫外线透光率较低，隔声，略具保温性能，有一定机械强度，为脆性材料。普通平板玻璃外观等级见表6-1。

普通平板玻璃主要用于房屋建筑工程，部分经加工处理制成钢化、夹层、镀膜、中空等玻璃，少量用于工艺玻璃。

一般建筑采光用3~5mm厚的普通平板玻璃；玻璃幕墙、栏板、采光屋面、商店橱窗或柜台等采用5~6mm厚的钢化玻璃；公共建筑的大门则用12mm厚的钢化玻璃。

玻璃属易碎品，故通常用木箱或集装箱包装。平板玻璃在贮存、装卸和运输时，必须盖朝上、垂直立放，并需注意防潮、防水。

表6-1 普通平板玻璃外观等级

缺陷种类	说　明	特 选 品	一 等 品	二 等 品
波筋（包括波纹辊子花）	允许看出波筋的最大角度	30°	45° 50mm边部，60°	60° 110mm边部，90°
气泡	长度1mm以下的	不允许集中出现	不允许集中出现	不限
	长度大于1mm的，每平方米面积允许条数	≤6mm，6条	≤8mm，8条 8~12mm，2条	≤10mm，10条 10~20mm，2条
划伤	宽度0.1mm以下的，每平方米面积允许条数	长度≤50mm 4条	长度≤100mm 4条	不限
	宽度大于0.1mm的，每平方米面积允许条数	不许有	宽0.1~0.4mm 长<100mm 1条	宽0.1~0.8mm 长<100mm 2条
砂粒	非破坏性的，直径0.5~2mm，每平方米面积允许个数	不许有	3个	10个
疙瘩	非破坏性的透明疙瘩，波及范围直径不超过3mm，每平方米面积允许个数	不许有	1个	3个
线道	正面可以看到的、每片玻璃允许条数	不许有	30mm边部允许有宽0.5mm以下的1条	宽0.5mm以下的2条

2. 浮法玻璃

（1）特性　浮法玻璃表面平整光洁，厚度均匀，极小光学畸变，具有机械磨光玻璃的质量。

（2）分类　浮法玻璃按厚度分为3mm、4mm、5mm、6mm、8mm、10mm、12mm七类。

（3）质量等级　浮法玻璃的质量等级分为优等品、一级品、合格品。

（4）用途　浮法玻璃可直接使用，也可二次深加工制造钢化玻璃、夹丝玻璃、夹层玻璃、中空玻璃和特种玻璃，用作高级建筑、火车、汽车、船舶的门窗挡风采光玻璃，制作电气设备的屏幕等。

3. 装饰平板玻璃

（1）毛玻璃（磨砂玻璃）

1）品种：毛玻璃是指经研磨、喷砂或氢氟酸溶蚀等加工，使表面（单面或双面）成为均匀粗糙的平板玻璃。用硅砂、金刚砂、石榴石粉等做研磨材料，加水研磨制成的，称为磨砂玻璃；用压缩空气将细砂喷射到玻璃表面制成的，称喷砂玻璃；用酸溶蚀的称酸蚀玻璃。

2）特性：由于毛玻璃表面粗糙，使透过光线产生漫射，造成透光不透视，使室内光线不眩目、不刺眼。毛玻璃也可制成各种图案。

3）用途：毛玻璃用于建筑物的卫生间、浴室、办公室等的门窗及隔断，也可用做黑板及灯罩、灯箱等。

（2）彩色玻璃

1）品种：彩色玻璃又叫有色玻璃或饰面玻璃，彩色玻璃分透明和不透明两种。透明的彩色玻璃是在玻璃原料中加入一定量的金属氧化物，按平板玻璃的生产工艺进行加工生产而成；不透明的彩色玻璃是用4~6mm厚的平板玻璃按照要求的尺寸切割而成形，然后经过喷洗、喷釉、烘烤、退火而形成。

2）用途：彩色玻璃用于门窗内外墙面屏风、隔断，与金属拼成各种花纹图案。

（3）花纹玻璃

1）品种：花纹玻璃分压花、雕花、热熔立体玻璃几大类。

压花玻璃是将熔融的玻璃液在冷却过程中，通过带图案的花纹辊轴连续对辊压延而成，可一面压花，也可两面压花，又称花纹玻璃或滚花玻璃。在压花玻璃有花纹的一面，用气溶胶对表面进行喷涂处理，玻璃可呈现浅黄色、浅蓝色、橄榄色等，经过喷涂处理的压花玻璃，立体感强，且可提高50%~70%的强度。压花玻璃有一般压花玻璃、真空镀膜压花玻璃、彩色膜压花玻璃等。

压花玻璃的一个表面或两个表面压出深浅不同的各种花纹图案后，由于其表面高低不平，当光线通过玻璃时产生漫射，因而具有透光不透视的特点，造成从玻璃的一面看另一面物体时，物像显得模糊不清。压花玻璃因表面有各种图案花纹，所以有良好的装饰艺术效果。

真空镀膜压花玻璃给人一种素雅、美观、清新的感觉，花纹立体感强，并具有一定的反光性能，是一种良好的室内装饰材料。

2）特点：花纹玻璃立体感强，图案丰富，透光不透视，具有漫射光，装饰效果好。

3）用途：花纹玻璃可用于门窗、屏风、隔断等装饰。

（4）印刷玻璃　印刷玻璃有特殊装饰效果，用于门、窗、隔断、吊顶和屏风等处。

（5）冰花玻璃

1）特点：透光不透视，具有各种色彩。

2）用途：用于门、窗、屏风等处。

（6）镭射玻璃

1）类型：镭射玻璃是以玻璃为基材的新一代建筑装饰材料，其特征在于经特种工艺处理，玻璃背面出现全息或其他光栅，在阳光、月光、灯光等光源照射下形成物理衍射光。镭射玻璃的颜色有银白色、蓝色、灰色、紫色、黑色、红色等多种。镭射玻璃按其结构有单层和夹层之分，如半透半反单层（5mm）、半透半反夹层 [（5+5）mm]、钢化半透半反图案夹层地砖 [（8+5）mm] 等。

2）特点：镭射玻璃表面呈现艳丽色彩和图案，经金属反射后会出现艳丽的七色光，且同一感光点或感光面，将因光源入射角的不同而出现不同的色彩变化，使被装饰物显得华贵高雅、富丽堂皇、梦幻迷人。

3）用途：镭射玻璃主要用于商场、娱乐场所的招牌、门面、地板、隔断和台面等处。曲面镭射玻璃可制成大面积夹层玻璃幕墙、住宅屋顶、灯饰装饰品等。

（7）釉面玻璃

1）类型：釉面玻璃是一种饰面玻璃，它是在玻璃表面涂敷一层彩色熔性色釉，在熔炉中加热至釉料熔融，使釉层与玻璃牢固结合在一起，再经退火或钢化等不同热处理而制成的产品。玻璃基板最大规格为 3.2m×1.2m，玻璃厚度为 5~15mm。

2）特性：釉面玻璃具有良好的化学稳定性和装饰性，它可用于食品工业、化学工业、商业、公共食堂等室内饰面层，也可以用做教学、行政和交通建筑的主要房间、门厅和楼梯的饰面层，尤其适用于建筑物装门面的外饰面层。

（8）泡沫玻璃

1）类型：泡沫玻璃是以玻璃碎屑为基料加入少量发气剂（闭气孔用炭黑，开口孔用碳酸钙）按比例混合粉磨，磨好后的粉料装入模内送入发泡炉发泡，然后脱模退火，制成一种多孔轻质玻璃制品，其孔隙可达 80%~90%，气孔多为封闭型，孔径一般为 0.1~5mm。

2）特性：泡沫的表观密度小（120~500kg/m³），热导率小 [0.053~0.14W（m·K）]，吸声系数为 0.3，抗拉强度 0.4~8MPa，使用温度 240~420℃。泡沫玻璃不透气、不透水、抗冻、防火，可锯、钉、钻，属高级泡沫材料，可作为高级建筑物墙壁的吸声装饰材料，并可制成各种颜色。

6.3.2　安全玻璃

安全玻璃分为钢化玻璃、夹丝玻璃和夹层玻璃三类。

1. 钢化玻璃

钢化玻璃又称强化玻璃，它是利用加热到一定温度后迅速冷却的方法或化学方法进行特殊钢化处理的玻璃，其强度比未经钢化处理的玻璃高 4~6 倍。

钢化玻璃是普通平板玻璃的二次加工产品，钢化玻璃的生产可分为物理钢化法和化学钢化法。物理钢化又称淬火钢化，是将普通平板玻璃在炉内加热至接近软化点温度（650℃左右），使玻璃通过本身的变形来消除内部应力，然后移出加热炉，立即用多头喷嘴向玻璃两面喷吹冷空气，使其迅速均匀地冷却，当冷却到室温时，便形成了高强度钢化玻璃。

（1）类型　钢化玻璃可分为平钢化和弯钢化两种。

1) 钢化玻璃制品有平面钢化玻璃、曲面钢化玻璃、半钢化玻璃、全钢化玻璃等。平面钢化玻璃主要用做建筑工程的门窗、隔墙与幕墙等；曲面钢化玻璃主要用做汽车挡风玻璃。

2) 钢化玻璃有普通钢化玻璃、钢化吸热玻璃、磨光钢化玻璃等品种。国外钢化玻璃的规格正向大尺寸发展，美国最大尺寸为2400mm×3500mm，日本为800mm×2100mm，有的国家已生产出2500mm×3500mm以上的钢化玻璃，用于橱窗玻璃、玻璃门和要求抗震、耐温度骤变的采光工程。

（2）特点

1) 机械强度高，具有较好的抗冲击性，安全性能好，当玻璃破碎时，碎裂成圆钝的小碎块，不易伤人。

2) 热稳定性好，具有抗弯及耐急冷急热的性能，其最大安全工作温度可达到287.78℃。

3) 钢化玻璃处理后不能切割、钻孔、磨削，边角不能碰击扳压，选用时需按实际规格尺寸或设计要求进行机械加工定制。钢化、半钢化玻璃外观质量见表6-2。

表6-2 钢化、半钢化玻璃外观质量

缺 陷 名 称	检 验 要 求
爆边	不允许存在
划伤	每平方米允许6条，$a \leqslant 100mm$，$b \leqslant 0.1mm$
	每平方米允许3条，$a \leqslant 100mm$，$0.1mm < b < 0.5mm$
裂纹、缺角	不允许存在

注：a 为玻璃划伤长度，b 为玻璃划伤宽度。

（3）用途 钢化玻璃广泛应用于汽车、火车、船舶、建筑门窗、幕墙、隔墙、栏板、橱窗、玻璃门、采光屋面以及人流量大、易撞击的场所。钢化玻璃还可以制成吸热钢化玻璃、中空钢化玻璃、热反射钢化玻璃及炉门、观察孔、弧光灯、加热器等。

2. 夹丝玻璃

夹丝玻璃是安全玻璃的一种，它是将预先纺织好的钢丝网，压入经软化后的红热玻璃中制成。钢丝网在夹丝玻璃中起增强作用，使其抗折强度和耐温度剧变性都比普通玻璃高，破碎时即使有许多裂缝，但其碎片仍附着在钢丝网上，不致四处飞溅而伤人。

（1）品种 根据国家行业标准，我国生产的夹丝玻璃产品分为夹丝压花玻璃和夹丝磨光玻璃两类。

（2）规格 产品尺寸一般不小于600mm×400mm，不大于2000mm×1200mm；厚度有6mm、7mm、10mm 三种。

（3）质量等级 产品按等级分为优等品、一等品和合格品。

（4）特点 安全，抗折强度高，热稳定性好。

（5）用途 夹丝玻璃可用于各类建筑的阳台、走廊、防火门、楼梯间、天窗、采光屋面等。

3. 夹层玻璃

夹层玻璃是以两片或多片平板玻璃之间嵌入透明塑料薄胶片（赛珞璐片、PVB膜或其他材料），经热压粘合而成的平面或曲面的复合玻璃，又可作为防弹玻璃，是一种安全玻璃。

玻璃原片可采用普通平板玻璃、浮法玻璃、钢化玻璃、彩色玻璃、吸热玻璃、热反射玻璃等。常用的塑料胶片为聚乙烯醇缩丁醛或赛珞璐。聚乙烯醇缩丁醛具有防水和抗日光的作用，故常用于高层建筑门窗等；赛珞璐易为潮湿所破坏，在长期日光作用下逐渐发黄而降低透明度，故这种玻璃多在一般场所使用。夹层玻璃的层数有3层、5层、7层，最多可达9层。夹层玻璃的主要规格见表6-3，夹层玻璃的外观质量见表6-4。

表6-3 夹层玻璃的主要规格

产品名称	尺寸范围/mm			型号	生产工艺
	厚度	长度	宽度		
平夹层	3＋3 5＋5	＜1800	＜850	普型 异型 特异型	胶片法
平夹层	3＋3 2＋3	＜1000	＜800	普型 异型 特异型	聚合法

表6-4 夹层玻璃的外观质量

缺陷名称	检验要求
胶合层气泡	直径300mm圆内允许长度为1～2mm的胶合层气泡2个
胶合层杂质	直径500mm圆内允许长度小于3mm的胶合层杂质2个
裂纹	不允许存在
爆边	长度或宽度不得超过玻璃的厚度
划伤、磨伤	不得影响使用
脱胶	不允许存在

（1）特点 夹层玻璃抗冲击性能比平板玻璃高几倍，破碎时不易裂成分离的碎块，具有耐久、耐寒、耐湿、耐热等特性，透明度高，机械强度高，如在夹层预埋电热丝或报警线，能起到加热、防结露或报警的功能。玻璃破碎时不裂成分离的碎块，只有辐射裂纹和少量碎玻璃屑，且碎片粘在薄胶片上，不致伤人。夹层玻璃透明度好，透光率高，如（2＋2）mm厚玻璃的透光率约为82%。夹层玻璃还具有耐火、耐热、耐湿、耐寒、耐久等性能。

（2）用途 夹层玻璃主要用做汽车和飞机的挡风玻璃、防弹玻璃以及有特殊安全要求的门窗、隔墙、天窗、陈列柜、水下工程等场所。夹层玻璃的技术性能见表6-5。

表 6-5　夹层玻璃的技术性能

项　目	检　验　要　求
耐热性	(60 ± 2)℃无气泡或脱胶现象
耐湿性	当玻璃受潮气作用时，能保持其透明度及强度不变
机械强度	用 0.8kg 的钢球自 1m 处自由落下，试样不破碎成分离的碎片，只有圆筒状的裂纹和微量的玻璃碎屑，落下的玻璃屑不超过试件质量的 0.5%，碎屑最大长度不超过 1.5mm
透明度	82%〔(2＋2)mm 厚玻璃〕

6.3.3　特种玻璃

1. 中空玻璃

（1）分类　中空玻璃按原片性能分为普通中空、吸热中空、钢化中空、夹层中空、热反射中空玻璃等。中空玻璃是由两片或多片平板玻璃沿周边隔开，并用高强度胶粘剂与密封条粘接密封而成，玻璃之间充有干燥空气或惰性气体。

中空玻璃还可以制成各种不同颜色或镀以不同性能的薄膜，整体拼装构件是在工厂完成的，有时在框底也可以放上钢化、压花、吸热、热反射玻璃等，颜色有无色、茶色、蓝色、灰色、紫色、金色、银色等。中空玻璃的玻璃与玻璃之间留有一定的空腔，因此具有良好的保温、隔热、隔声等性能。如在空腔中充以各种能漫射光线的材料或介质，则可获得更好的声控、光控、隔热等效果。

（2）特性　中空玻璃光学性质和原片有关，因此可以按要求选用。中空玻璃有良好的保温绝热性能，隔声性能好，一般可使噪声下降 30～40dB、交通噪声下降 31～33dB 达到安静程度，防结露性能好。中空玻璃不能切割，需要按设计订制。

（3）用途　中空玻璃用于房屋的门窗、车船的门窗、建筑幕墙以及需要采暖保温、防止噪声、防止结露的建筑物上。中空玻璃构造如图 6-2 所示。

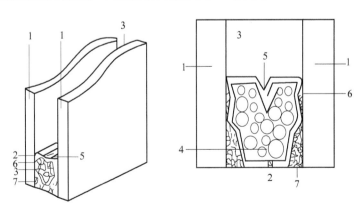

图 6-2　中空玻璃构造
1—玻璃原片　2—空心铝隔框　3—干燥空气
4—干燥剂　5—缝隙　6—粘结剂Ⅰ　7—粘结剂Ⅱ

2. 吸热玻璃

（1）分类 吸热玻璃按成分分为硅酸盐吸热玻璃、磷酸盐吸热玻璃、光致变色的吸热玻璃三种类型，颜色有灰色、茶色、蓝色、绿色、古铜色、粉红色、金色、棕色等。

窗户作为室内外环境的过滤器，不仅在采光、保温、隔声、创造舒适居住环境方面有重要作用，而且其热工性能直接关系到建筑物的造价和能耗，应正确地选用吸热玻璃，以充分发挥窗户的综合效益。

吸热玻璃的生产是在普通钠-钙硅酸盐玻璃中加入着色作用的氧化物，如氧化铁、氧化镍、氧化钴以及硒等，使玻璃带色并具有较高的吸热性能，也可在玻璃表面喷涂氧化锡、氧化锑、氧化钴等有色氧化物薄膜而制成。

（2）特性 吸热玻璃大量吸收波长大于 $0.7\mu m$ 的红外线，也就是吸收太阳光中大量的辐射热，同时保持了良好的透视性。吸收太阳光中紫外线，减轻紫外线对人体和物体的损坏；吸收太阳光中部分可见光，使室内光线柔和，减少弦光。不同玻璃的热工性能见表6-6。

表6-6 不同玻璃的热工性能

品 种	透过热值/（W/m^2）	透热率（%）
空气（暴露空间）	879	100
普通玻璃（3mm厚）	726	82.55
普通玻璃（6mm厚）	663	75.53
蓝色吸热玻璃（3mm厚）	551	62.7
蓝色吸热玻璃（6mm厚）	433	49.2

（3）用途 吸热玻璃根据需要深加工可制成吸热中空玻璃、吸热夹层玻璃等，用于门、窗、隔断装饰和幕墙等处。

3. 热反射玻璃

（1）类型 热反射玻璃既有较好的热反射能力，又能保持平板玻璃良好的透光性能，这种玻璃又称镀膜玻璃或镜面玻璃。吸热玻璃与热反射玻璃的划分可用下式表示：

$$S = \frac{A}{B}$$

式中 S——玻璃对太阳辐射热的吸收系数和反射系数的比值；

A——玻璃整个光通量的吸收系数；

B——玻璃整个光通量的反射系数。

若 $S>1$ 时，玻璃为吸热玻璃；$S<1$ 时，玻璃为热反射玻璃。

热反射玻璃从颜色上分有灰色、青铜色、茶色、金色、浅蓝色、棕色、古铜色、褐色等。

热反射玻璃的生产是在玻璃表面用加热、蒸汽、化学等方法喷涂金、银、铜、铝、铬、镍、铁等金属氧化物，或粘贴有机薄膜，或以某种金属离子置换玻璃表面中原有离子而制成。从性能结构上看，有热反射、减反射、中空热反射、夹层热反射等品种。热反射玻璃外观质量见表6-7。

表 6-7　热反射玻璃外观质量

缺 陷 名 称	检 验 要 求
针眼	距边部 75mm 内，每平方米允许 8 处或中部每平方米允许 3 处，$1.6mm < d \leqslant 2.5mm$
	不允许存在，$d > 2.5mm$
斑纹	不允许存在
斑点	每平方米允许 8 处，$1.6mm < d \leqslant 5.0mm$
划伤	每平方米允许 2 条，$a \leqslant 100m$，$0.3mm < b \leqslant 0.8mm$

注：a——玻璃划伤长度，b——玻璃划伤宽度，d——玻璃缺陷直径。

（2）特性　热反射玻璃色彩丰富，装饰性好，能过滤紫外线，大量反射红外线，遮阳，室内光线柔和，具有良好的隔热性能，热透射率低，又具有单向透视特点，迎光面具有镜子效能，白天在玻璃前，展现的是周围景色的图画，却看不到室内的景物，对内部起到遮蔽及帷幕作用。

（3）用途　热反射玻璃主要用于建筑门、窗、幕墙，及制作热反射中空玻璃、热反射夹层玻璃、车船玻璃及艺术装饰等。

4. 变色玻璃

（1）分类　变色玻璃有光致变色玻璃和电致变色玻璃两大类。在玻璃中加入氯化银，或在玻璃与有机夹层中加入钼和钨的感光化合物，就能获得光致变色玻璃。光致变色玻璃受太阳光或其他光线照射，颜色随光线的增强而逐渐变暗，当照射停止又恢复原来颜色。

（2）特性　变色玻璃能自动控制进入室内的太阳辐射能，从而降低能耗，改善室内的自然采光条件，具有防窥视、防眩光的作用。

（3）用途　变色玻璃可用于建筑门、窗、隔断和智能化建筑。建筑装饰装修工程常用玻璃品种见表 6-8。

表 6-8　建筑装饰装修工程常用玻璃品种

项　　次	名　　称	规　　格
1	普通玻璃	3000mm × 1200mm × 3mm
2	浮法玻璃	2000mm × 1500mm × 5mm
3	浮法玻璃	3050mm × 2134mm × 8mm
4	浮法玻璃	3050mm × 2134mm × 10mm
5	浮法玻璃	3050mm × 2134mm × 12mm
6	钢化玻璃	厚 5mm
7	钢化玻璃	厚 8mm
8	钢化玻璃	厚 12mm
9	热弯玻璃	厚 5mm
10	热弯玻璃	厚 8mm
11	中空玻璃	5mm + 6A（空气层）mm + 5mm

（续）

项　次	名　称	规　格
12	中空玻璃	5mm＋9A（空气层）mm＋5mm
13	防弹玻璃	8mm＋0.76PVB（夹胶）＋10mm＋0.76PVB（夹胶）＋5mm
14	防弹玻璃	5mm＋0.76PVB（夹胶）＋10mm＋0.76PVB（夹胶）＋5mm
15	防爆玻璃	10mm＋0.38PVB（夹胶）＋10mm
16	防爆玻璃	12mm＋0.76PVB（夹胶）＋12mm
17	安全玻璃	3mm＋0.38PVB（夹胶）＋3mm
18	安全玻璃	6mm＋0.38PVB（夹胶）＋6mm
19	防火玻璃	厚5mm
20	防火玻璃	厚12mm
21	镀膜玻璃	3300mm×2400mm×6mm
22	镀膜玻璃	3050mm×2134mm×5mm
23	低反射镀膜玻璃	厚6mm（钢化）
24	低反射镀膜玻璃	3300mm×2400mm×6mm
25	彩釉钢化玻璃	厚6mm

5. 玻璃砖

（1）分类　玻璃砖又称特厚玻璃，有空心砖和实心砖两种。实心砖是采用机械压制方法制成的。空心砖是采用箱式模具压制而成的，两块玻璃加热熔接成整体空心砖，中间充以干燥空气，经退火，最后涂饰侧面而成。

空心砖有单孔和双孔两种。按性能分：在内侧做成各种花纹，赋予它特殊的采光性，使外来的光散射或按一定方向折射，按形状分：有正方形、矩形以及各种异形产品；按尺寸分为115mm、145mm、240mm、300mm等规格；按颜色分：使玻璃本身着色以及在内侧面用透明着色材料涂饰等产品。

（2）特点　玻璃砖具有保温绝热、不结露、防水、不燃、耐磨、透光不透视、化学稳定性好、装饰性好等特点。

（3）用途　玻璃砖用于商场、娱乐场所、展厅及建筑物的非承重外墙、内墙、隔墙及顶棚、地面、门面等装饰。使用时不得切割，也不能用作承重墙。

6.4　玻璃制品的应用

6.4.1　玻璃砖墙安装

1）玻璃砖墙四周金属框架用 φ6 螺栓间距500mm与建筑物结构连接固定，并铺设10mm厚泡沫塑料（涨缝）。

2）玻璃砖缝用塑料卡子隔开，每三块玻璃砖间纵横放置 1~2 根φ4~φ6 钢筋直通边框并焊牢。

3）玻璃砖应排列均匀整齐，表面平整，砌筑灰浆厚度 10mm，嵌缝的油灰或密封膏应饱满密实。

4）砌筑完后，轻轻掰掉裸露在砖外的塑料卡子，并用白水泥勾缝。

5）玻璃砖墙宜 1.5m 高为一个施工段，待下部施工段胶结材料达到设计强度后再进行上部施工。

玻璃砖墙安装如图 6-3 所示。

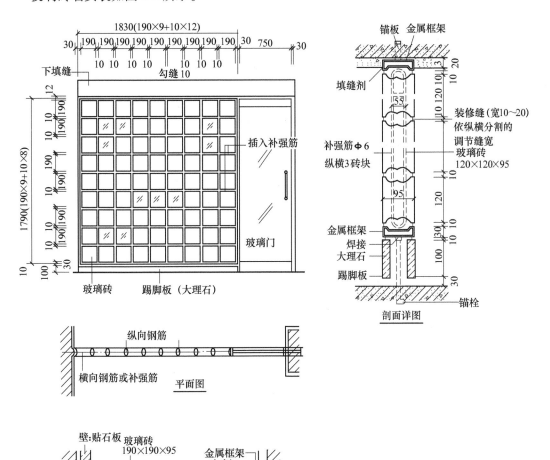

图 6-3　玻璃砖墙安装

6.4.2   平板玻璃隔墙安装

1）墙面放线应清晰，位置应准确。隔墙基层应平整、牢固。

2）骨架边框的安装应符合设计和产品组合的要求。

3）压条应与边框紧贴，不得弯棱、凸鼓。

4）安装玻璃前应对骨架、边框的牢固程度进行检查，如有不牢应进行加固。

6.4.3   木门窗玻璃安装

1）玻璃安装前应检查框内尺寸、将裁口内的污垢清除干净。

2）安装长边大于1.5m或短边大于1m的玻璃，应用橡胶垫、压条和螺钉固定。

3）安装木框、扇玻璃，可用钉子固定，钉距不得大于300mm，且每边不少于2个；用木压条固定时，应先刷底油后安装，并不得将玻璃压得过紧。

4）安装玻璃隔墙时，玻璃在上框面应留有适量缝隙，防止木框变形，损坏玻璃。

5）使用密封膏时，接缝处的表面应清洁、干燥。

6.4.4   铝合金、塑料门窗玻璃安装

1）安装玻璃前，应清出槽口内的杂物。

2）使用密封膏前，接缝处的表面应清洁、干燥。

3）玻璃不得与玻璃槽直接接触，并应在玻璃四边垫上不同厚度的垫块，边框上的垫块应用胶粘剂固定。

6.4.5   玻璃栏板安装

玻璃栏板安装应使用夹层玻璃或安全玻璃。

6.4.6   玻璃制品应用质量标准

1. 基本要求

1）玻璃的品种、规格、尺寸、色彩、图案和涂膜朝向应符合设计要求，单块玻璃大于$1.5m^2$时应使用安全玻璃。

2）玻璃安装应牢固，不得有裂纹、损伤和松动。

3）玻璃表面应洁净，不得有腻子、密封胶、涂料等污渍。

4）中空玻璃内外表面都应洁净；玻璃中空层内不得有灰尘和水蒸气；单面镀膜玻璃的镀膜层及磨砂玻璃的磨砂面应朝向室内，中空玻璃的单面镀膜玻璃应在最外层，镀膜层应朝向室内。

5）玻璃幕墙所用的各种材料、构件、组件的质量应符合国家产品标准和设计要求，其玻璃厚度不应小于6mm，全玻幕墙肋玻璃的厚度不应小于12mm。

2. 质量标准

玻璃的表面质量应符合上述有关基本要求的内容，检验一般用观察、轻敲等方法。

每平方米玻璃幕墙的表面质量和检验方法见表6-9。

表 6-9 每平方米玻璃幕墙的表面质量和检验方法

项 次	项 目	质 量 要 求	检 验 方 法
1	明显划伤和长度大于 100mm 的轻微划伤	不允许	观察
2	长度不大于 100mm 的轻微划伤	≤8 条	用钢尺检查
3	擦伤总面积	≤500mm^2	用钢尺检查

明框玻璃幕墙安装的允许偏差和检验方法见表 6-10。

表 6-10 明框玻璃幕墙安装的允许偏差和检验方法

项 次	项 目		允许偏差/mm	检 验 方 法
1	幕墙垂直度	幕墙高度≤30m	10	用经纬仪检查
		30m＜幕墙高度≤60m	15	
		60m＜幕墙高度≤90m	20	
		幕墙高度＞90m	25	
2	幕墙水平度	幕墙幅宽≤35m	5	用水平仪检查
		幕墙幅宽＞35m	7	
3	构件直线度		2	用 2m 靠尺和塞尺检查
4	构件水平度	构件长度≤2m	2	用水平仪检查
		构件长度＞2m	3	
5	相邻构件错位		1	用钢直尺检查
6	分格框对角线长度差	对角线长度≤2m	3	用钢尺检查
		对角线长度＞2m	4	

玻璃隔墙安装的允许偏差和检验方法见表 6-11。

表 6-11 玻璃隔墙安装的允许偏差和检验方法

项 次	项 目	允许偏差/mm		检 验 方 法
		玻璃砖	玻璃板	
1	立面垂直度	3	2	用 2m 垂直检测尺检查
2	表面平整度	3	—	用 2m 靠尺和塞尺检查
3	阴阳角方正	—	2	用直角检测尺检查
4	接缝直线度	—	2	拉 5m 线, 不足 5m 拉通线, 用钢直尺检查
5	接缝高低差	3	2	用钢直尺和塞尺检查
6	接缝宽度	—	1	用钢直尺检查

隐框、半隐框玻璃幕墙安装的允许偏差和检验方法见表6-12。

表6-12 隐框、半隐框玻璃幕墙安装的允许偏差和检验方法

项 次	项 目		允许偏差/mm	检 验 方 法
1	幕墙垂直度	幕墙高度≤30m	10	用经纬仪检查
		30m<幕墙高度≤60m	15	
		60m<幕墙高度≤90m	20	
		幕墙高度>90m	25	
2	幕墙水平度	层高≤3m	3	用水平仪检查
		层高>3m	5	
3	幕墙表面平整度		2	用2m靠尺和塞尺检查
4	板材立面垂直度		2	用垂直检测尺检查
5	板材上沿水平度		2	用1m水平尺和钢直尺检查
6	相邻板材板角错位		1	用钢直尺检查
7	阳角方正		1	用直角检测尺检查
8	接缝直线度		3	拉5m线,不足5m拉通线,用钢直尺检查
9	接缝高低差		1	用钢直尺和塞尺检查
10	接缝宽度		1	用钢直尺检查

小　结

1. 玻璃有采光，围护、分隔空间，控制光线，反射，保温、隔热、隔声以及具有艺术效果等作用。

2. 玻璃的主要品种包括普通建筑玻璃、安全玻璃、特种玻璃等。

3. 玻璃制品的应用要点包括玻璃砖墙安装，平板玻璃隔墙安装，木门窗玻璃安装，铝合金、塑料门窗玻璃安装，玻璃栏板安装等。

4. 玻璃的表面质量应符合基本要求的内容，检验一般用观察、轻敲等方法。

思 考 题

6-1 玻璃的作用是什么？

6-2 玻璃的质量主要由什么因素来体现？

6-3 安全玻璃有哪些类型？它们各有什么作用？

6-4 中空玻璃的原理和作用是什么？

6-5 玻璃砖有哪些特点和用途？

实训练习题

6-1 列表说明玻璃隔墙安装的质量标准。

6-2 选择普通玻璃和钢化玻璃各一块，进行破碎后特征的分析和比较。

第7章 塑料制品与应用

学习目标：通过本章内容的学习，了解塑料制品的特性，熟悉塑料制品的品种类型，掌握塑料制品的应用和质量标准，提高对塑料制品在建筑装饰装修中的设计应用能力。

塑料是以合成树脂或天然树脂为主要原料，加入或不加添加剂，在一定温度压力下，经混炼、塑化、成形，且在常温下保持制品形状不变的材料。它与合成橡胶、合成纤维并称为三大合成高分子材料，其中塑料约占合成高分子材料的 75% 左右。用于建筑上的塑料制品称为建筑塑料，建筑塑料所用的树脂主要是合成树脂。塑料在建筑中的应用十分广泛，几乎可以遍及建筑工程的各个角落。

塑料按其热性能可分为热塑性塑料和热固性塑料两种。热塑性塑料的主要成分为热塑性高聚物，热固性塑料的主要成分为热固性高聚物。

热塑性塑料的典型品种有聚乙烯、聚丙烯、聚苯乙烯、ABS 塑料（丙烯腈、丁二烯和苯乙烯的共聚物）、聚酰胺、聚甲醛、聚碳酸酯等。其优点是加工成形简便，具有较高的力学性能，缺点是耐热性和刚性较差。

热固性塑料的典型品种有酚醛、环氧、氨基树脂、不饱和聚酯以及聚硅醚树脂等制成的塑料制品。它们具有耐热性高，受压不易变形等优点，缺点是机械强度一般不好。

在装饰工程中，采用塑料制品代替其他装饰材料，不仅能获得良好的装饰及艺术效果，而且还能减轻建筑物自重，提高施工效率，降低工程费用。近年来，塑料制品在装饰工程中的应用范围不断扩大。

7.1 塑料的特性

7.1.1 质量轻

塑料的密度在 $0.9 \sim 2.2 g/cm^3$ 之间，约为钢的 1/5、铝的 1/2、混凝土的 1/3，与木材接近。因此，将塑料用于建筑工程，不仅可以减轻施工强度，而且可以降低建筑物的自重。

7.1.2 导热性差

密实塑料的热导率一般为 $0.12 \sim 0.8 W/(m \cdot K)$，约为金属的 $1/500 \sim 1/600$。泡沫塑料的热导率只有 $0.02 \sim 0.046 W/(m \cdot K)$，约为金属材料的 1/1500、混凝土的 1/40、砖的

1/20，是理想的绝热材料。

7.1.3 比强度高

塑料及其制品轻质高强，其强度与表观密度之比（比强度）远远超过混凝土，接近、甚至超过了钢材，是一种优良的轻质高强材料。

7.1.4 化学稳定性良好

塑料对一般的酸、碱、盐、油脂及蒸汽的作用有较高的化学稳定性。

7.1.5 电绝缘性好

塑料是良好的电绝缘体，可与橡胶、陶瓷媲美。

7.1.6 多功能性

塑料的品种多，功能各异。某种塑料的性能通过改变配方后，其性能会发生变化，即使同一制品也可具有多种功能。如塑料地板不仅具有较好的装饰性，而且还有一定的弹性、耐污性和隔声性。

7.1.7 装饰性优异

塑料表面能着色，可制成色彩鲜艳、线条清晰、光泽明亮的图案，不仅能取得大理石、花岗岩和木材表面的装饰效果，而且还可通过电镀、热压、烫金等制成各种图案和花纹，使其表面具有立体感和金属的质感。

7.1.8 经济性好

建筑塑料制品的价格一般较高，如塑料门窗的价格与铝合金门窗的价格相当，但由于它的节能效果高于铝合金门窗，所以无论从使用效果，还是从经济方面比较，塑料门窗均好于铝合金门窗。建筑塑料制品在安装和使用过程中，施工和维修保养费用也较低。

除以上优点外，塑料还具有加工性能好，有利于建筑工业化等优良特点。但塑料自身尚存在着一些缺陷，如易燃、易老化、耐热性较差、弹性模量低、刚度差等。

7.2 塑料的品种

7.2.1 塑料地板

1. 分类

（1）按材质分类 可分为聚氯乙烯树脂塑料地板、聚乙烯-醋酸乙烯（即氯醋共聚树脂）塑料地板、聚丙烯树脂塑料地板、氯化聚乙烯树脂塑料地板。

（2）按外形分类 可分为块状塑料地板、卷材地板。带基材的聚氯乙烯卷材地板质量等级划分为优等品、一等品、合格品三种。

聚氯乙烯卷材地板是以聚氯乙烯树脂为主要原料，加入适当助剂，在片状连续基材上，经涂敷工艺生产而成，分为带基材的发泡聚氯乙烯卷材地板和带基材的致密聚氯乙烯卷材地板两种，其宽度为 1800mm、2000mm，每卷长度 20m、30m，厚度为 1.5mm、2mm。聚氯乙烯卷材地板适合于铺设客厅、卧室地面，卷材地板所需面积可按铺设面积乘以 1.10 计算，如果卷材地板的宽度正好是房间净宽，则可考虑 2% 的损耗。

聚氯乙烯块状地板是以聚氯乙烯及其共聚树脂为主要原料，加入填料、增塑剂、稳定剂、着色剂等辅料，经压延、挤出或挤压工艺生产而成，有单层和同质复合两种，其规格为 300mm×300mm，厚度为 1.5mm，每块地板面积为 0.09m^2，块状地板损耗率为 2%。聚氯乙烯块状地板主要适合于铺设办公室、走道等地面。

（3）按功能分类　可分为弹性地板、抗静电地板、导电地板、体育场地的塑胶地板等。

2. 特性

1）轻质、耐磨、防滑、可自熄。

2）回弹性好，柔软度适当，脚感舒适，耐水，易于清洁。

3）规格多，造价低，施工方便。

4）花色品种多，装饰性能好。可以通过彩色照相制版印刷出各种色彩丰富的图案。

3. 选用

塑料地板首先要依据建筑物的等级和使用功能选用，对国家或省、市级的重要建筑，可选用档次较高、经久耐用的硬质或半硬质的多层复合地板；一般建筑和住宅，可选用半硬质或软质的卷材地板。塑料地板的花色、图案要与建筑物的整体设计效果和性质相协调。

7.2.2　塑料门窗

1. 性能与特点

为了增强塑料门窗的刚性，通常在塑料型材的空腔内增加钢材（加强筋）形成塑钢窗、塑钢门，其特点为：绝热保温性能好、气密性好、水密性好、隔声性好、防腐性好、绝缘性好、外表美观易保养、防虫蛀。PVC 塑料门窗属于阻燃材料，长期使用会老化，但是由于配方的改进，其耐候性显著提高，使用寿命可达 50 年以上。不同门窗隔热性能见表 7-1。

表 7-1　不同门窗隔热性能　　　　　　［单位：W/（m·k）］

材料热导率					整窗的传热性		
铝	钢	松、杉木	PVC	空气	铝窗	木窗	PVC 窗
174.45	58.15	0.17~0.35	0.13~0.29	0.047	5.95	1.72	0.44

2. 塑料窗

（1）塑料窗的特点

1）耐水和耐腐蚀。塑料窗可以应用于多雨温热地区、地下建筑和有腐蚀性气体的工业建筑。

2）隔热性能好。PVC 本身的热导率与木材接近，PVC 整窗的隔热性比钢、木窗好得多。由于窗散失的热量占建筑全部散失热量的 30% 左右，因此改善窗的隔热性对于节省能源的作用很大。

3）气密性和水密性好。PVC 窗异型材在设计时就考虑到气密和水密的要求，在窗扇和窗框之间有密封条，因此密封性能好。在内外压差为 300Pa，雨水量为 2L/（min·m^2）的条件下，10min 不进水。在风速为 40km/h 时，用 ASTM-283 标准的方法测定，空气泄漏量仅为 0.283m³/min。

4）隔声性好。按隔声性能试验（DIN4109），隔声达 30dB，而普通窗的隔声只有 25dB。

5）装饰性好。PVC 窗可以着色，目前较多是白色。PVC 窗的造型新颖大方，线条明快，清晰挺拔，外表平整美观，对建筑物起美化装饰作用。最近已研制成功用双色共挤出工艺生产具有多种色彩变化的塑料窗。窗的室外一侧为彩色的聚丙烯层，而室内一侧则为白色的 PVC 层，从而较好地解决了装饰及耐老化要求之间的矛盾。另外，近年国内通过技术引进，开发了表面进行木纹压印装饰的 PVC 窗。

6）保养方便。PVC 窗不锈不蚀，不需要经常涂装保养，其表面光洁，清扫方便。

7）价格合理。目前国内 PVC 窗价格比钢、木窗高，与铝合窗相当，而在国外某些国家如德国，PVC 窗已接近或低于木窗的价格。从发展的趋势来看，PVC 窗的价格与钢、木窗的价格会逐渐接近，成为有竞争力的产品。

8）耐老化。塑料老化是人们普遍关心的问题。PVC 窗的耐老化性相当好。在德国塑料窗已使用 30 余年，除光泽稍有变化外，性能无明显变化，可使用 50 年以上。

9）节约能源。由于塑料窗密闭性好，节约能源效果明显，因此自 20 世纪 60 年代开始在西欧国家得到普遍使用，生产量和使用量增长很快，目前已占全部窗的 40% 以上。我国在 20 世纪 90 年代开始也大力推广使用塑料窗，尤其是住宅建筑更是广泛应用。

（2）塑料窗的类型　塑料窗的主要类型是硬质 PVC 窗，其用硬质 PVC 制成窗框，窗玻璃厚度一般为 5~6mm。PVC 树脂价格低，具有自熄性、耐候性好、隔热性优良、质量轻的特点，是制造窗的理想材料。

（3）塑料窗的开启方式　塑料窗有固定窗、平开窗、悬转窗（亦称翻转窗）、推拉窗、百叶窗等。

3. 塑料门

（1）塑料门的类型　塑料门与塑料窗一样具有装饰性能好、保养简单、耐水耐腐蚀性好等优点。塑料门的主要类型有以下几种：

1）镶板门：门扇由带企口槽（燕尾槽）的中空薄壁型材镶嵌而成，四周包上边框。门框用塑料多孔异型材拼成。

2）框板门：门的结构与窗基本相同。门扇由门扇框和门心板组成。门扇框与窗扇框相近，但型材的断面较大。门心板用玻璃做成玻璃门，也可用中空薄壁异型材拼成。门心板的固定方法基本与窗玻璃安装相同。框板门的刚性好，可具有较好的水密性和气密性，因此可以作为外门。

3）折叠门：折叠门的结构简单，用硬 PVC 异型材拼装而成。它有多种形式，如双折门、多折门。这种门轻巧灵活，耗料省，价格低，开启时占地较少。

（2）塑料门的开启方式　塑料门有平开门、推拉门、弹簧门。

7.2.3 塑料装饰板

1. 塑料贴面装饰板

塑料贴面装饰板又称三聚氰胺树脂装饰板，简称防火板，属热固型层压装饰贴面材料。

（1）特性　塑料贴面装饰板是一种用于贴面的硬质薄板，具有耐磨、耐热、耐寒、耐溶剂、耐污染、耐腐蚀、抗静电等特点。板面光滑、洁净，印有仿真性的各种花纹图案，色调丰富多彩。有高光和亚光之分，质地牢固，表面硬度大，易清洁，使用寿命长，装饰效果好。它是一种较好的防火装饰贴面材料。

（2）用途　塑料贴面装饰板可用白胶、立时得等胶粘剂贴于木材面、木墙裙、木格栅、木造型体等木质基层表面，以及各种橱柜、家具表面、柱子、吊顶等部位的饰面，可以粘贴在各种人造木质板材表面，均能获得较好的装饰效果，为中、高档饰面材料。

2. 聚氯乙烯装饰板（PVC 装饰板）

聚氯乙烯装饰板是以 PVC 树脂为基料，分为软、硬两种产品。

（1）特性　聚氯乙烯装饰板具有质量轻、表面立体感强、安装方便、防腐、易清洗等特点。

（2）用途

1）硬质 PVC 板用于卫生间、浴室、厨房吊顶、内墙罩面板、护墙板。

2）不透明波形板用于外墙装饰。

3）透明平板波形板可用于采光顶棚、采光屋面、高速公路隔声墙、室内隔断、防震玻璃、广告牌、灯箱、橱窗等。

4）软质 PVC 板用于建筑物内墙面、吊顶、家具台面的装饰和铺设。

3. 波音装饰软片

波音装饰软片是用云母、珍珠粉及 PVC 为主要原料，经特殊精制加工而成的装饰材料。

（1）特性

1）色泽艳丽、色彩丰富、华丽照人、经久耐用不褪色。

2）具有较好的弯曲性能，可经受各种弯曲。

3）耐冲击性好，为木材的 40 倍，耐磨性优越。

4）耐湿性好，在 20% ~70% 湿度内，尺寸稳定性极佳。

5）抗酸碱、耐腐蚀性能好，具有耐一般稀释剂、化学药品腐蚀的能力。

6）耐污性好，且具有良好的阻燃性能。

（2）用途　波音装饰软片适用于各种壁材、石膏板、人造板、金属板等基材上的粘贴装饰。

4. 聚乙烯塑料装饰板（PE 塑料装饰板）

这种装饰板是以聚乙烯树脂为基料，加入其他材料加工定型而成的装饰板材。

（1）特性　聚乙烯塑料装饰板具有表面光洁、高雅华丽、绝缘、隔声、防水、阻燃、耐腐蚀等特点。

（2）用途　聚乙烯塑料装饰板适用于家庭、宾馆、会议室及商店等建筑物的墙面装饰。

5. 有机玻璃板

有机玻璃板简称有机玻璃，是一种具有极好透光度的热塑性塑料，有各种颜色、珠光色或无色透明板。

（1）特性　有机玻璃板透光率较好，机械强度较高，耐热性、耐寒性及耐气候性较好，耐腐蚀及绝缘性能良好，在一定条件下尺寸稳定，并容易加工成形。

（2）缺点　有机玻璃板质地较脆，易溶于有机溶剂中。

（3）用途　有机玻璃板是室内高级装饰材料，用于门窗、玻璃指示灯罩及装饰灯罩、隔板、隔断、吸顶灯具、采光罩、淋浴房、亚克力浴缸等。

6. 玻璃卡普隆板

玻璃卡普隆板分为中空板（蜂窝板）、实心板和波纹板三大系列。

（1）特性　重量轻，透光性好、透光率达到 88%，属良好采光材料，安全性、耐候性、弯曲性能好，可热弯、冷弯，抗紫外线，安装方便，阻燃性良好，不产生有毒气体。中空板有保温绝热消声的效果。

（2）用途　玻璃卡普隆板用于办公楼、商场、娱乐中心及大型公共设施的采光顶，车站、停车站、凉亭等雨篷，也可作为飞机场、工厂的安全采光材料，室内游泳池、农业养殖业的天幕、隔断、淋浴房、广告牌等。

7. 千思板

千思板是环保绿色建材，由热固性树脂与植物纤维混合而成，面层由特殊树脂经 EBC 双电子束曲线加工而成。

（1）特性　千思板抗冲击性极高，易清洁，防潮湿，稳定性和耐用性可与硬木相媲美，抗紫外线，阻燃，耐化学腐蚀性强，装饰效果好，加工安装容易，使用寿命长，符合环保要求。

（2）品种及应用

1）千思板 M（外用型），特别适用于大楼外墙、广告牌、阳台栏板等室外装修。

2）千思板 A（内用型），表面粘贴三聚氰胺树脂装饰板层，有石英表面和水晶亚光表面两种，特别适用于人行通道、电梯厅、电话间等建筑部位，以及家具桌面、橱柜面板、接待柜台等处，也可用于盥洗间洗脸盆面板、隔断及其他湿度较大处。

3）千思板 T，具有防静电特点，适用于计算机房内墙装修，各种化学、物理及生物实验室、墙面板、台板等要求很高的场所。

7.2.4　塑料壁纸

壁纸是现代室内装饰材料的重要组成部分，除美化装饰以外，还有遮盖、吸声、隔热、防霉、防臭、防火等多种功能。

一般壁纸都是由两层复合而成的，底层为基层，表层为面层。按基层材料分有全塑的、纸基的、布基的（包括玻璃布和无纺布）；按面层材料分有聚乙烯、聚氯乙烯和纸面的。

塑料壁纸是以一定材料为基材，表面进行涂塑后，再经过印花、压花或发泡处理等多种工艺而制成的一种饰面装饰材料。

塑料壁纸有非发泡塑料壁纸、发泡塑料壁纸、特种塑料壁纸（如耐水塑料壁纸、防霉塑料壁纸、防火塑料壁纸、防结露塑料壁纸、芳香塑料壁纸、彩砂塑料壁纸、屏蔽塑料壁纸）等。

塑料壁纸质量等级可分为：优等品、一等品、合格品，且都必须符合国家关于《室内装饰装修材料　壁纸中有害物质限量》强制性标准所规定的有关条款。

塑料壁纸具有以下特点：

1）装饰效果好。由于壁纸表面可进行印花、压花及发泡处理，能仿天然石材、木纹及锦缎，达到以假乱真的地步，并通过精心设计，印刷适合各种环境的花纹图案，几乎不受限制，色彩也可任意调配，做到自然流畅，清淡高雅。

2）性能优越。根据需要可加工成难燃、隔热、吸声、防霉性，且不易结露，不怕水洗，不易受机械损伤的产品。

3）适合大规模生产。塑料的加工性能良好，可进行工业化连续生产。

4）粘结方便。纸基的塑料壁纸，用普通 801 胶或白乳胶即可粘贴，且透气好，可在尚未完全干燥的墙面粘贴，而不致造成起鼓、剥落。

5）使用寿命长，易维修保养。表面可清洗，对酸碱有较强的抵抗能力。

（1）普通壁纸　普通壁纸是以 $80 \sim 100g/m^2$ 的纸做基材，涂塑 $100g/m^2$ 左右的聚氯乙烯糊状树脂，经印花、压花而成。这种壁纸花色品种多，适用面广，价格低，是民用住宅和公共建筑墙面装饰最普遍应用的一种壁纸。普通壁纸以悬浮法聚氯乙烯树脂为原料，添加增塑剂、稳定剂、填充剂和着色剂，常用压延法生产，具有一定的表面强度和耐水性，可用中性洗涤剂擦洗。

1）单色压花壁纸。经凸版轮转热轧花机加工，可制成仿丝绸、锦缎等多种花色。

2）压花壁纸。经多套色凹版轮转印刷机印花后再轧花，可制成有各种色彩图案，并压有花纹、隐条凹凸花等双重花纹，也叫艺术装饰壁纸。

3）有光印花和平光印花壁纸。前者是在抛光辊轧平的面上印化，表面光洁明亮；后者是在消光辊轧平的面上印花，表面平整柔和，以适应用户的不同要求。

（2）发泡壁纸　发泡壁纸是以 $100g/m^2$ 的纸做基材，涂塑 $300 \sim 400g/m^2$ 掺有发泡剂的 PVC 糊状料，印花后，再加热发泡而成。这种壁纸有高发泡印花、低发泡印花、低发泡印花压花等品种。发泡壁纸所用的原料为乳液法聚氯乙烯树脂，并加入发泡剂，经涂刮发泡制成。发泡壁纸由于生产过程中的加热而使纸基发生老化现象，裱贴时也较易损坏，但由于它的质感强，施工性好，应用仍十分广泛，尤其对于基层比较粗糙的墙面更为适宜。

高发泡印花壁纸发泡倍率大，表面呈富有弹性的凹凸花纹，是一种装饰、吸声多功能壁纸，常用于住房顶棚等装饰。低发泡印花壁纸是在发泡平面印有图案的品种。低发泡印花压花壁纸（化学压花）是用有不同抑制发泡作用的油墨印花后再发泡，使表面形成具有不同色彩的凹凸花纹图案，也叫化学浮雕，该品种还有仿木纹、拼花、仿瓷砖等花色，图样真、立体感强、装饰效果好，并有弹性，适用于室内墙裙、客厅和内走廊的装饰。

还有一种仿砖、石面的深浮雕型壁纸，凹凸高度可达到 25mm，采用座模压制而成，只适用于室内墙面装饰。

（3）特种壁纸　特种壁纸有耐水壁纸、防火壁纸、彩色砂粒壁纸等品种。耐水壁纸是用玻璃纤维毡做基材，适用于卫生间、浴室等墙面的装饰。防火壁纸用 $100 \sim 200g/m^2$ 的石棉纸做基材，并在 PVC 涂塑材料中掺有阻燃剂，使壁纸具有一定的阻燃防火性能，适用于防火要求较高的建筑和木板面装饰。表面彩色砂粒壁纸是在基材上散布彩色砂粒，再喷涂粘结剂，使表面具有砂粒毛面，一般用做门厅、柱头、走廊等局部装饰。

（4）壁纸规格　壁纸的规格一般有以下三种：

1）幅宽 $530 \sim 600mm$，长 $10 \sim 12m$，每卷为 $5 \sim 6m^2$ 的窄幅小卷。

2）幅宽 $760 \sim 900m$，长 $25 \sim 50m$，每卷为 $20 \sim 45m^2$ 的中幅中卷。

3）幅宽 $920 \sim 1200mm$，长 $50m$，每卷为 $46 \sim 90m^2$ 的宽幅大卷。

7.2.5　人造皮革

人造皮革是一种仿真羊皮的装饰装修材料，主要用于建筑室内的软包工程。人造皮革具有色彩、花纹多样，仿真性强，价格低廉，装饰效果好的特点。

用人造皮革制作的软包墙面，具有柔软、消声、温暖、耐磨等优良性能和高雅华贵的装饰效果，可用于录音室、电话间、会议室、包厢等房间装饰，也可用于健身房、幼儿园等要求防止碰撞的房间墙面装饰。

7.3 塑料制品的应用

7.3.1 塑料制品的应用方式

1. 裱糊壁纸

1) 基层应干燥，表面平整，无灰尘、油渍、杂物。对于遮盖力低的壁纸，基层表面颜色应进行淡化处理。

2) 壁纸裱糊前，首先要在经过处理的墙面基层上弹出水平线和垂直线，以保证壁纸粘贴的垂直度和水平度。

3) 裁纸。首先量出墙顶到底部的高度，然后在桌上或地面上将壁纸裁好，壁纸的下料尺寸应比实际尺寸长 20mm 左右。

4) 塑料壁纸遇水会膨胀，因此在粘贴前要用水润湿，使塑料壁纸得到充分膨胀。复合壁纸和纺织纤维壁纸不宜润水。

5) 壁纸背面及墙面刷胶。要求胶液涂刷均匀、严密，不能漏刷，注意不能裹边、走堆，以防弄脏壁纸。墙面刷胶宽度应比壁纸幅宽多 30mm。

6) 壁纸裱糊。裱糊壁纸的顺序是先垂直后水平，先上后下，先高后低。

7) 壁纸裱糊后若发现表面有气泡，可用针刺小洞挤压出空气或胶液再压平即可消除。

2. 铺贴塑料地板

1) 基层处理。要求平整、结实，具有足够的强度，无灰尘、砂粒，含水率不大于8%。水泥砂浆基层允许空隙不得超过 2mm，如有麻面等缺陷，必须用腻子修补。修补时先用石膏乳液腻子嵌补找平，干燥后，再刮滑石粉腻子，直至基层平整。

2) 弹线分格。在干净并干燥的地坪上，按塑料地板的规格弹线。以房间中心为中心，弹出互相垂直的两条定位线，四周距墙面留出 20～30cm 作为镶边，并根据设计图案、拼花式样排出铺贴顺序。

3) 选择粘结胶。一般选用氯丁胶或 405 聚氨酯粘结剂。粘贴时，用刮胶刀或齿形刮板将胶均匀地刮涂在水泥地面上。采用梳形刮板涂胶，可使其涂布均匀，易于控制用胶量，铺贴时也容易赶走气泡，从而保证铺贴质量。如采用氯丁胶，则同时在塑料地板背面也薄薄地涂一层胶粘剂。

4) 铺贴塑料地板。铺贴塑料地板的最佳温度为 15～30℃，铺贴时先在定位线左右各贴一排作为定位带。定位带铺好后，施工方向一般应由里向外，由中心向四周进行。塑料地板涂上胶后，要等涂上的胶水即将不粘手时方可贴到地面上，再用双手向下压或用橡皮锤轻轻拍打，将粘结层中的空气全部挤出，相邻两块塑料地板之间接缝紧密平整，接缝处挤出板面的胶粘剂应用溶剂擦去。

5) 圈边框。边框铺贴应根据现场实际尺寸进行裁切，操作时应用钨钢刀划针或钩刀在塑料地板上划一条深痕，对折后即可裁断。如边棱稍有不齐可用木工刨进行修正。

6）清理。铺贴完毕后，应用溶剂将胶液污迹擦去，并用湿布将塑料表面浮尘擦干净，养护3d后打蜡。

3. 铺设塑料卷材地板

塑料卷材地板又叫地板革，铺设比较简单，其幅宽规格有1.83m、2m，厚为0.7～1.5mm。

1）用水将水泥地坪洗刷干净，填孔、铲平，并待地面干透后施工。如果是木地板，则也要检查地板是否平整，有没有钉子外露。不平的地方要调整好，这样铺设上去的地板革就会平整。

2）根据房间的宽度合理裁剪塑料地板，靠近墙脚处应裁小1～2mm，以防铺贴后起拱。

3）用双面胶带纸粘贴在两幅塑料地板的接缝处，撕去保护膜后，将两幅地板同时贴到地面上，使其平服。

4）为增加塑料卷材地板的粘贴牢固度，可在塑料地板背面的中间位置贴上"双十"或"井"、"米"字形的胶带纸，这样铺好的塑料地板，不仅牢固性好，而且平服不易翘曲。此外，粘贴塑料卷材地板还可用202粘结胶。

5）在家具及重物等荷载大的地方，宜衬上一块夹板或橡胶垫，以防家具、重物移位时，塑料卷材地板的凹坑不能弹起。

4. 粘贴塑料贴面装饰板

1）裁切装饰板。根据被贴面的大小合理下料，在大张装饰板正面用铅笔画上线条（应放6～15mm的余量），用锋利的刻刀紧靠直尺将下料线刻出痕迹，痕迹的深度应是板厚的2/3，再在刻痕的内侧压上木条，用力向下掰开。如果边缘不平，可用木工刨刨平滑。

2）背面砂毛。用细砂纸将装饰板背面打毛，使板背面粗糙，并擦去浮尘。

3）涂胶。在装饰板上涂脲醛树脂胶，涂胶量为130～150g/m²，在被贴物面上涂聚醋酸乙烯乳液（即白乳胶，在涂胶前应加入1.5%硬化剂，如盐酸、草酸等），涂胶量为200～250g/m²。

4）粘贴。涂胶后放置1～2min，让胶液水分部分挥发，然后再粘贴装饰板，接着用力压住从中间向四周展平，并要对准位置不使其位移。

5）熨平。在装饰板上垫上白纸或湿布，用温度适中的电熨斗在装饰板上由中央向四周均匀地熨平，使装饰板和基材的胶合缝隙之间有少量的胶液挤出来。经熨烫后的装饰板仍需压砂袋或其他重物，压贴6～8h即可。

6）齐边刨平。装饰板粘结牢固后，应将四周的加工余量用手工齐边刨平，最后用砂纸把周边砂光，但应注意保持棱角挺直。

7）封边处理。经贴面装饰的侧面，必须采取封边处理才能改善侧面的质量。封边通常有两种方法：一是用木条封边，二是用薄型材料封边。木条的形状可根据侧面的特点来设计和制作。薄型材料封边的工具很简单，只需要一个夹紧工具就可以粘贴了。此外，目前还采用铝合金压条或塑料嵌条等更为简单的办法封边。

5. 墙面包人造皮革（软包）

1）墙面基层应平整、干燥，并有一定的强度、硬度。

2）墙面防潮处理（铺贴油毡或涂刷沥青等）。

3）固定木龙骨架（木边框30mm×40mm，中间25mm×30mm）。

4）铺设胶合板或细木工板（板背面需防潮处理）。

5）满铺泡沫塑料。

6）铺设人造皮革面层，四周用20mm×25mm×2mm金属压条与木龙骨压紧固定。

7）按设计图案固定装饰钉。

墙面包人造皮革示意图如图7-1所示。

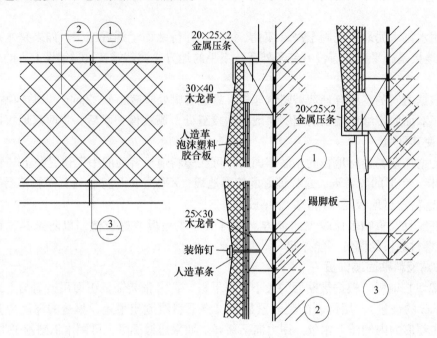

图7-1 墙面包人造皮革示意图

7.3.2 塑料制品的应用要点

1. 壁纸裱糊要点

1）基层表面应平整、不得有粉化、起皮、裂缝和突出物，色泽应一致。有防潮要求的应进行防潮处理。

2）裱糊前应按壁纸、墙布的品种、花色、规格进行选配、接花、裁切、编号，裱糊时应按编号顺序粘贴。

3）墙面应采用整幅裱糊，先垂直面后水平面、先细部后大面、先保证垂直后对花拼缝，垂直面是先上后下、先长墙面后短墙面，水平面是先高后低。阴角处接缝应搭接，阳角处应包角、不得有接缝。

4）聚氯乙烯塑料壁纸裱糊前应先将壁纸用水润湿数分钟，墙面裱糊时应在基层表面涂刷胶粘剂，顶棚裱糊时，基层和壁纸背面均应涂刷胶粘剂。

5）复合壁纸不得浸水，裱糊前应先在壁纸背面涂刷胶粘剂，放置数分钟，裱糊时，基层表面应涂刷胶粘剂。

6）纺织纤维壁纸不宜在水中浸泡，裱糊前宜用湿布清洁背面。

7）带背胶的壁纸裱糊前应在水中浸泡数分钟，裱糊顶棚时应涂刷一层稀释的胶粘剂。

8）金属壁纸裱糊前应浸水 1～2min，阴干 5～8min 后在其背面刷胶。刷胶应使用专用的壁纸粉胶，一边刷胶，一边将刷过胶的部分，向上卷在发泡壁纸卷上。

9）玻璃纤维基材壁纸、无纺墙布无需进行浸润。应选用粘接强度较高的胶粘剂，裱糊前应在基层表面涂胶，墙布背面不涂胶。玻璃纤维墙布裱糊对花时，不得横拉斜扯避免变形脱落。

10）开关、插座等突出墙面的电气盒，裱糊前应先卸去盒盖。

11）墙纸贴平后用胶皮刮板由上而下，由中间向两边抹刮，使墙纸平整贴实。

2. 塑料门窗安装要点

1）门窗安装五金配件时，钻孔后用自攻螺钉拧入，不得直接锤击钉入。

2）门窗框、副框和扇的安装必须牢固，固定片或膨胀螺栓的数量与位置应正确，连接方式应符合设计要求，固定点应距窗角、中横框 150～100mm，固定点间距应不大于600mm。

3）安装组合窗时应将两窗框与拼樘料卡接，卡接后应用紧固件双向拧紧，其间距不大于600mm，紧固件端头及拼樘料与窗框间的缝隙应用嵌缝膏进行密封处理，拼樘料型钢两端必须与洞口固定牢固。

4）门窗框与墙体间缝隙不得用水泥砂浆填塞，应采用弹性材料填嵌饱满，表面应用密封胶密封。

7.3.3　塑料制品应用质量标准

1. 塑料门窗应用质量标准

（1）基本要求

1）门窗的品种、规格、开启方向及安装位置应符合设计要求。

2）门窗安装必须牢固，横平竖直，高低一致。

3）门窗开启应灵活，无倒翘、阻滞现象，外门窗无渗漏。

4）五金配件齐全，位置正确，门窗安装后表面应洁净，大面不得有划痕、碰伤、锈蚀等缺陷。

（2）质量标准　塑料门窗的安装质量和外观质量应符合上述基本要求，检验方法用目测和手感检查。塑料门窗工程的质量要求和检验方法见表 7-2。

表 7-2　塑料门窗工程的质量要求和检验方法

项　次	项　目		允许偏差/mm	检　验　方　法
1	门窗槽口宽度、高度	≤1500mm	2	用钢尺检查
		>1500mm	3	
2	门窗槽口对角线长度差	≤2000mm	3	用钢尺检查
		>2000mm	5	
3	门窗框的正、侧面垂直度		3	用 1m 垂直检测尺检查
4	门窗横框的水平度		3	用 1m 水平尺和塞尺检查
5	门窗横框的标高		5	用钢尺检查
6	门窗竖向偏离中心		5	用钢直尺检查

（续）

项　次	项　目	允许偏差/mm	检　验　方　法
7	双层门窗内外框间距	4	用钢尺检查
8	同樘平开门窗相邻扇高度差	2	用钢直尺检查
9	平开门窗铰链部位配合间隙	+2；−1	用塞尺检查
10	推拉门窗扇与框搭接量	+1.5；−2.5	用钢直尺检查
11	推拉门窗扇与竖框平行度	2	用1m水平尺和塞尺检查

2. 壁纸裱糊质量标准

（1）基本要求

1）壁纸（布）等材料的品种、规格型号、图案和颜色应符合设计要求。

2）基层应平整、坚实、牢固、无粉化、起皮和裂纹。

3）裱糊应牢固，不得有漏贴、补贴和脱层。

4）表面应平整、洁净、色泽一致，无波纹起伏、气泡、裂缝、皱折、污斑、翘曲，拼接处应不离缝、不搭接，花纹图案应吻合。

（2）质量标准　裱糊工程的外观质量应符合上述基本要求，检验方法距1m目测。裱糊工程的允许偏差和检验方法见表7-3。

表7-3　裱糊工程的允许偏差和检验方法

项　次	项　目	允许偏差/mm	检　验　方　法
1	立面垂直度	≤3	2m靠尺测量
2	表面平整度	≤3	2m靠尺、塞尺测量

3. 塑料面板安装质量标准

（1）基本要求

1）塑料面板的品种、规格、颜色和性能应符合设计要求及国家有关标准的规定。

2）板面应平整、洁净、色泽一致，无痕迹和缺损，不得有裂缝、翘曲和缺损。

3）板间嵌缝应密实，平直宽度和深度应符合设计要求，嵌填材料应色泽一致，板上的孔洞应套割吻合，边缘应整齐。

（2）质量标准　塑料面板的安装和表面质量应符合上述有关基本要求的内容，检验方法一般用目测和手感检查。塑料面板安装的允许偏差和检验方法见表7-4。

表7-4　塑料面板安装的允许偏差和检验方法

项　次	项　目	允许偏差/mm	检　验　方　法
1	立面垂直度	2	用2m垂直检测尺检查
2	表面平整度	3	用2m靠尺和塞尺检查
3	阴阳角方正	3	用直角检测尺检查
4	接缝直线度	1	拉5m线，不足5m拉通线，用钢直尺检查
5	墙裙、勒脚上口直线度	2	拉5m线，不足5m拉通线，用钢直尺检查
6	接缝高低差	1	用钢直尺和塞尺检查
7	接缝宽度	1	用钢直尺检查

4. 软包安装质量标准

（1）基本要求

1）软包面料、内衬材料、边框的材质、颜色、图案、燃烧性能等级和木材的含水率应符合设计要求。

2）表面应平整、洁净、无凹凸不平及皱折，图案清晰无色差，整体协调美观。

3）边框平整、顺直、接缝吻合。

（2）质量标准 软包工程安装的允许偏差和检验方法见表7-5。

表7-5 软包工程安装的允许偏差和检验方法

项　次	项　目	允许偏差/mm	检 验 方 法
1	垂直度	3	用1m垂直检测尺检查
2	边框宽度、高度	0；−2	用钢尺检查
3	对角线长度差	3	用钢尺检查
4	裁口、线条接缝高低差	1	用钢直尺和塞尺检查

小　　结

1. 塑料具有质量轻、导热性差、比强度高、化学稳定性良好、电绝缘性好、多功能性、装饰性优异、经济性好等性质。

2. 塑料的主要品种包括塑料地板、塑料门窗、塑料装饰板、塑料壁纸、人造皮革等。

3. 塑料制品的应用方式包括裱糊壁纸、铺贴塑料地板、铺设塑料卷材地板、粘贴塑料贴面装饰板、墙面包人造皮革等。

4. 塑料制品的应用要点包括壁纸裱糊和塑料门窗安装等。

5. 塑料门窗的安装质量和外观质量应符合基本要求，检验方法用目测和手感检查；裱糊工程的外观质量应符合基本要求，检验方法距1m目测；塑料面板的安装和表面质量应符合基本要求的内容，检验方法一般用目测和手感检查。

思　考　题

7-1 塑料的特性是什么？

7-2 塑料有哪些装饰品种？

7-3 塑料窗有哪些特点？

7-4 怎样裱糊塑料壁纸？

7-5 塑料贴面装饰板粘贴有哪些程序？

实训练习题

7-1 列出铺设塑料卷材地板的程序。

7-2 用检测工具对塑料窗安装质量进行检验。

第 8 章 涂料与应用

学习目标：通过本章内容的学习，了解涂料的物质组成，熟悉涂料的品种类型，掌握涂料的应用方式和质量标准，提高对涂料在建筑装饰装修中的设计应用能力。

涂敷于物件表面干结成膜，具有防护、装饰、防锈、防腐、防水或其他特殊功能的物质称为涂料。由于早期的涂料采用的主要原料是天然树脂和干性、半干性油，如松香、生漆、虫胶、亚麻子油、桐油、豆油等，因此在很长一段时间，涂料被称为油漆。由这类涂料在物件表面形成的涂膜，称为漆膜。

将天然树脂用做建筑表面装饰材料，在我国已有几千年的历史。但由于天然树脂和油料的资源有限，因此作为建筑涂料的发展，一直受到很大限制。自 20 世纪 50 年代以来，随着石油化工的发展，各种合成树脂和溶剂、助剂的相继出现，并大规模投入生产，作为涂敷于建筑物表面的装饰材料，再也不是仅靠天然树脂和油脂了。从 20 世纪 60 年代开始，相续研制出以人工合成树脂和各种人工合成有机稀释剂为主，甚至以水为稀释剂的乳液型涂膜材料。油漆这一词已不能代表其确切的含义，故改称为"涂料"。但人们习惯上仍把溶剂型涂料俗称油漆，而把乳液型涂料俗称为乳胶漆。应该强调的是，现在人们习惯称呼的"漆"已和传统的漆有了很大的不同。

涂料的用途范围很广，不同类型的涂料功能各异，可以用于飞机、船舶、车辆及各种机械设备等表面的防护、装饰，也可用于建筑物各个部位的表面涂敷。我们把涂敷于建筑物表面，如内外墙面、顶棚、地面和门窗等，能与基体材料很好粘结，形成完整而坚韧保护膜，并能起到防护、装饰及其他特殊功能的涂料称为建筑涂料。常用建筑涂料品种见表 8-1。

表 8-1　常用建筑涂料品种

项次	名　　称	项次	名　　称
1	内墙耐擦洗涂料	8	外墙苯丙乳胶涂料
2	内墙丙烯酸防水乳胶涂料	9	外墙亚光乳胶涂料
3	内墙丙烯酸防霉乳胶涂料	10	外墙真石涂料
4	内墙丝光乳胶涂料	11	外墙水性涂料
5	外墙环保乳胶涂料	12	外墙丙烯酸乳胶涂料
6	外墙弹性乳胶涂料	13	外墙油性丙烯酸乳胶涂料
7	外墙弹性拉毛乳胶涂料	14	外墙硅丙罩光涂料

8.1　涂料的组成

各种涂料的组成成分并不相同，但基本上由主要成膜物质、次要成膜物质、辅助成膜物质等组成。

8.1.1　主要成膜物质（胶结剂）

主要成膜物质是涂料的主要成分。涂料中的成膜物质在材料表面经一定的物理或化学变化，能干结、硬化成具有一定强度的涂膜，并与基面牢固粘结。成膜物质的质量对涂料的性质有决定性作用。常用各种油料或树脂作为涂料的成膜物质。

油料成膜物质分为干性油、半干性油及不干性油三种。干性油具有快干性能，干燥的涂膜不软化、不熔化，也不溶解于有机溶剂中。常用的干性油有亚麻仁油、桐油、梓油、苏籽油等。半干性油干燥速度较慢，干燥后能重新软化、熔融，易溶于有机溶剂中，为达到快干目的，需掺催干剂。常用的半干性油有大豆油、向日葵油、菜籽油等。不干性油不能自干，不适于单独使用，常与干性油或树脂混合使用。常用的不干性油有蓖麻油、椰子油、花生油、柴油等。

树脂成膜物质由各种合成或天然树脂等原料构成。大多数树脂成膜剂能溶于有机溶剂中，溶剂挥发后，形成一层连续的与基面牢固粘结的薄膜。这种漆膜的硬度、光泽、抗水性、耐化学腐蚀性、绝缘性、耐高温性等都较好。常用的合成树脂有酚醛树脂、环氧树脂、醇酸树脂、聚酰胺树脂等，天然树脂有松香、琥珀、虫胶等，有时也用动物胶、干酪素等作成膜剂。

8.1.2　次要成膜物质（颜料）

颜料或填充料是指不溶于水、油、树脂中的矿物或有机物质。颜料赋予涂料必要的色彩和遮盖力，增加防护性能，同时起到填充和骨架的作用，提高涂膜的机械强度和密实度，减小收缩，避免开裂，改善涂料的质量。

根据颜料在涂料中的作用，可分为着色颜料、防锈颜料和体质颜料等。着色颜料主要起着色作用。常用的着色颜料有铅铬黄、锌铬黄、银朱、猩红、铁蓝、钛白、炭黑、土红、铁红、铬绿、孔雀绿、银粉（铝粉）等。防锈颜料主要起防锈作用，但也起着色作用。常用的防锈颜料有红丹、铅白、锌铬黄、锌白、铝粉、石墨等。体质颜料又称填充料，没有着色力，仅起填充作用，但能提高耐化学侵蚀、抗老化、耐磨等性能。常用的体质颜料有石膏、瓷土、滑石粉、重晶石粉、云母粉、硅藻土、碳酸镁、氢氧化铝等。

8.1.3　辅助成膜物质（溶剂）

溶剂或稀释剂是能溶解油料、树脂、沥青、硝化纤维，而易于挥发的有机物质。溶剂的主要作用是调整涂料稠度，便于施工，增加涂料的渗透能力，改善粘结性能，并节约涂料，但掺量过多会降低漆膜的强度和耐久性。常用的溶剂有松节油、松香水、香蕉水、酒精、汽油、苯、丙酮、乙醚等。水是水性涂料的稀释剂。

为加速涂料的成膜过程，使漆膜较快地干结、硬化，可在涂料中加入催干剂。常用铅、钴、锰、铬、铁、铜、锌、钙等金属的氧化物、盐及各种有机酸的皂类作为催干剂。

8.2 涂料的分类

8.2.1 按所用基料（化学成分）不同分

1. 无机涂料

无机涂料是最早出现的一类涂料，传统的石灰水、大白粉、可赛银就是以生石灰、碳酸钙、滑石粉等为主要原料加适量动植物胶配制而成的内墙涂刷材料。它的耐水性差，涂膜质地疏松，易起粉，早已被以合成树脂为基料配制的各种涂料所取代。硅溶胶、水玻璃的出现，又赋予了它新的生命力。20 世纪 80 年代末我国开始生产以硅酸钾为主要胶结剂的 JH80-1 和以硅溶胶为主要胶结剂的 JG80-2 系列无机涂料，已成功地用于内外墙的建筑装饰。

无机涂料的特点有：

1）资源丰富，生产工艺简单，价格便宜，节约能源，减少环境污染。

2）粘结力较强，对基层处理要求不很严。

3）温度适应性好，碱金属硅酸盐系列的涂料可在较低的温度下施工，双组分固化成膜，受气温影响较小。

4）颜色均匀，保色性好。

5）有良好的耐热性，不燃，无毒。

2. 有机涂料

（1）溶剂型涂料（油漆）　溶剂型涂料是以高分子合成树脂为主要成膜物质，有机溶剂为稀释剂，加入适量的颜料、填料（体质颜料）及辅助材料，经研磨而成的涂料。溶剂型涂料形成的涂膜细腻、光洁而坚韧，有较好的硬度，光泽和耐水性、耐候性，气密性好，耐酸碱，对建筑物有较好的保护作用。溶剂型涂料易燃，溶剂挥发对人体有害，施工时要求基层必须干燥，涂漠透气性差。

（2）水溶性涂料　水溶性涂料是以水溶性合成树脂为主要成膜物质，以水为稀释剂，加入适量的颜料、填料及辅助材料，经研磨而成的涂料。这类涂料的水溶性树脂，可直接溶于水，与水形成单相的溶液。它的耐水性较差，耐候性不强，耐洗刷性差，一般只用于内墙涂料。

（3）乳胶涂料　乳胶涂料又称乳胶漆，它是由合成树脂借助乳化剂的作用，以 0.1 ~ 0.5μm 的极细微粒子分散于水中构成的乳液，并以乳液为主要成膜物质，加入适量的颜料、填料、辅助材料经研磨而成的涂料。乳胶涂料无毒、阻燃，对人体无害，有一定透气性，涂膜固化后耐水、耐擦洗性能好，可作为内外墙涂料。

（4）有机和无机复合型涂料　有机涂料或无机涂料虽然有上述很多优点，但在单独使用时，总有这样或那样的不足。为取长补短，发挥各自优势，就出现了无机、有机相结合的复合涂料。如早已有的聚乙烯醇水玻璃内墙涂料，就比单纯使用聚乙烯醇涂料的耐水性有所提高。另外以硅溶胶、丙烯酸系列复合的外墙涂料在涂膜的柔韧性及耐候性方面能更适应大气温度差的变化。总之，无机、有机或无机-有机复合建筑涂料的研制，对降低成本、改善建筑涂料的性能、涂膜的韧性、耐候性等方面更能适应气温差的变化和建筑装饰的要求。

8.2.2　按构成涂膜的主要成膜物质分

1）聚醋酸乙烯系列涂料。聚醋酸乙烯酯乳液是通过多种烯类单体共聚得到的聚合产物，其状态为分散在水相中的乳状液，特点为稳定性好，使用安全，无污染，可广泛用于建筑装饰装修工程中的涂料、粘合剂等。

2）丙烯酸系列涂料。丙烯酸又称压克力酸，由一个乙烯基和羧基组成，烯酸及丙烯酸可以均聚及共聚，其聚合物可用于合成树脂、涂料等。

3）聚氨酯涂料。聚氨酯全称为聚氨基甲酸酯，是由有机二异氰酸酯或多异氰酸酯与二羟基或多羟基化合物加聚而成，是一种新兴的有机高分子材料，用途广泛。

8.2.3　按建筑使用部位分

1）内墙涂料。

2）外墙涂料。

3）地面涂料。

每一个建筑空间部位必须使用具有相应特点的涂料，如内墙涂料不宜使用在地面或外墙面，地面涂料也不宜使用在墙面。

8.2.4　按功能不同分

1）防火涂料。

2）防水涂料。

3）防腐涂料。

4）抗静电涂料。

5）发光涂料。

6）耐磨涂料。

每一种功能涂料都具有特定的作用，必须按照不同的功能要求选择不同的功能涂料。

8.2.5　按涂膜状态分

1）薄质涂料。

2）厚质涂料。

3）平涂涂料。

4）砂粒状涂料。

5）凹凸花纹涂料。

不同的涂膜状态既能满足不同的使用功能，又能体现不同的装饰效果。

8.3　涂料的品种

8.3.1　内墙涂料

内墙涂料是创造整洁、明亮、美观的室内空间环境的主要装饰材料。

1. 特性

1）色彩浅淡、明亮，质地平滑、细腻，品种丰富，色调柔和。

2）耐碱、耐擦洗、不易粉化，保持内墙面整洁。

3）具有良好的透气性和吸湿排湿性。

4）涂刷方便，重涂性好。

2. 品种

现在常用的内墙涂料是一种以合成树脂乳液为主要成膜物质（基料）的薄型涂料，主要用于室内墙面、顶棚的装饰。这类内墙涂料的质量等级分为优等品、一等品和合格品三个等级，同时又必须符合《室内装饰装修材料　内墙涂料中有害物质限量》标准中所规定的全部条文。内墙乳胶涂料的施工温度适宜在 10℃ 以上。常用的内墙乳胶涂料品种有以下几种：

（1）聚醋酸乙烯内墙乳胶涂料　聚醋酸乙烯内墙乳胶涂料具有无毒、无味、不燃、易加工、干燥快、透气性好、附着力强、颜色多而鲜艳、施工方便等优点。其耐水性、耐碱性、耐候性都比水溶性涂料好，是一种装饰效果好的中、高档内墙装饰涂料，适用于内墙（顶棚）装饰，不宜用于外墙及潮气较大的室内装修（如厨房、浴室、卫生间等）。

（2）乙丙内墙乳胶涂料　乙丙内墙乳胶涂料是以聚醋酸乙烯与丙烯酸酯共聚乳液为主要成膜物质的半光或有光的内墙水乳型涂料。其无毒、无味、不燃、透气性好，外观细腻，保色性好，有光泽，耐碱性、耐水性、耐久性都优于聚醋酸乙烯乳胶涂料，是一种价格适中的较高档内墙装饰涂料。乙丙内墙乳胶涂料适用于内墙（顶棚）装饰，不宜用于外墙及室内潮气较大的部位。

（3）苯丙乳胶涂料　苯丙乳胶涂料是以苯乙烯-丙烯酸酯-甲基丙烯酸三元共聚乳液为主要成膜物质的水乳型涂料。其具有丙烯酸酯类的高耐光性、耐候性、漆膜不泛黄等特点。漆膜外观细腻、色泽鲜艳、质感好，与水泥基层附着力好，它的耐碱性、耐水性、耐洗刷性都优于上述涂料，可用于内、外墙装饰及潮气较大的部位，是一种高档内墙涂料，同时也是一种较好的价格适中的外墙涂料。

（4）氯偏共聚乳液内墙涂料　氯偏共聚乳液内墙涂料是以氯乙烯与偏氯乙烯共聚乳液为主要成膜物质的一种水乳性涂料，具有无毒、无味、不燃、抗水、耐磨、涂层干燥快、施工方便、光洁等优点。同时，还具有良好的耐水、耐碱、耐化学腐蚀性。因其透气性小，耐洗刷性能好，可在较潮湿的基层上施工。氯偏共聚乳液内墙涂料一般在工业与民用建筑物的内墙面装饰中起保护作用，在地下建筑工程和山中洞库的防潮效果更为显著。该涂料为双组分，现场配制使用。

（5）隐形变色发光涂料　隐形变色发光涂料是一种能隐形、变色和发光的建筑内墙涂料，用于舞厅、迪厅、酒吧、咖啡屋、地下水族馆等娱乐场所的墙面和顶棚装饰，还可用于舞台布景、广告、道具等。

8.3.2　外墙涂料

外墙涂料不仅使建筑物外立面更加美丽悦目，达到美化环境的目的，而且也有效地保护了外墙不受介质侵蚀，延长了建筑物的使用期限。

1. 特性

1）品种多，色彩丰富，装饰性好。建筑外墙涂料的品种很多，主要分为石灰浆涂料、聚合物水泥涂料、乳液型涂料、溶剂型涂料和无机硅酸盐涂料五类，完全可以满足各类建筑物的室外装饰要求。

2）耐水、耐候性好。由于外墙面直接暴露在室外环境中，要经受日光、霜雪、雨水、风沙、冷热等作用，因此，要求外墙涂料涂层在规定的年限内，不应受上述作用而出现开裂、剥落、变色或粉化现象。

3）耐污染性好。外墙涂料不可避免要受到室外尘土及其他物质玷污，要求涂层表面对这些污染物易于清洗。

4）价格合理，施工方便。外墙涂料有各种档次和较多品种，可满足各类建筑装饰要求，且施工操作简单，不需大型机械设备，可人工涂刷。

2. 品种

外墙涂料分为合成树脂乳液外墙涂料、溶剂型外墙涂料、复层建筑涂料、硅溶胶外墙涂料、砂壁状建筑外墙涂料（彩砂涂料）、氟碳涂料等。

（1）合成树脂乳液外墙涂料　外墙乳胶涂料又可分为硅丙乳胶涂料、纯丙乳胶涂料、苯丙乳胶涂料等。其中，纯丙乳胶涂料和苯丙乳胶涂料是目前被广泛使用的两种外墙涂料。硅丙乳胶涂料的拒水性（即憎水性）、透气性、耐污性、耐久性较好，是一种自洁性好的外墙涂料。

纯丙乳胶涂料特点：纯丙乳胶涂料涂膜光泽柔和，有良好的耐候性、保色性、耐洗刷性、耐污性，同时无毒，不燃，干燥快，施工温度在 5℃以上，可以采用刷、滚、喷等工艺进行施工，也可直接涂于墙面或作为罩面涂料（防水胶）使用。

纯丙乳胶涂料质量等级分为优等品、一等品、合格品。

（2）溶剂型外墙涂料　溶剂型外墙涂料主要有丙烯酸酯外墙涂料、聚氨酯系外墙涂料、氯化橡胶外墙涂料等。

1）丙烯酸酯外墙涂料。丙烯酸酯外墙涂料是以热塑性丙烯酸酯合成的树脂为主要成膜物质，加入溶剂、颜料、填料、助剂等，经混合、研磨制成，其特点是渗透性、耐污性、耐磨性较好，涂膜表面有一定的光洁度和自洁性。因此，丙烯酸酯外墙涂料具有长期装饰效果，耐洗刷性好，施工时基体含水率不应超过 8%，可以直接在水泥砂浆和混凝土基层上进行涂饰。

2）聚氨酯系外墙涂料。聚氨酯系外墙涂料是以聚氨酯或与其他合成树脂复合为主要成膜物质，加入颜料、填料、助剂等制成的一种双组分固化型优质外墙涂料，其特点是固体含量高、层膜柔软、弹性好、有很高的光泽度，可配成各种色彩，表面呈瓷质感，俗称仿瓷涂料。聚氨酯系外墙涂料与基层粘结力强，耐候、耐水性能好，是价格较高的一种涂料。该类涂料与混凝土、金属、木材等材料粘结力强，可以直接涂刷在水泥砂浆混凝土表面，但墙体表面含水率应低于 8%，施工时应将该涂料甲、乙两种组分按比例配制搅拌均匀后使用。

3）氯化橡胶外墙涂料。氯化橡胶外墙涂料是由氯化橡胶、溶剂、增塑剂、颜料、填料和助剂配制而成的。氯化橡胶涂料靠溶剂挥发而结膜干燥，并随气温的降低干燥速度减慢，其施工环境温度为 20～50℃。氯化橡胶外墙涂料对混凝土和钢铁表面具有良好的附着力，耐水、耐碱、耐酸及耐候性好，且涂料的维修重涂性好。

溶剂型外墙涂料由于用有机溶剂作稀释剂，因此施工时必须注意防火。

溶剂型外墙涂料分为优等品、一等品、合格品三个等级。

（3）复层建筑涂料 复层建筑涂料由多层涂膜组成，如底涂层、主涂层、面涂层等，按主涂层的基料可分为四大类，即聚合物水泥类（代号 CE）、硅酸盐类（代号 SI）、合成树脂乳液类（代号 E）、反应固化型合成树脂乳液类（代号 RE）。

（4）硅溶胶外墙涂料

1）特点。硅溶胶外墙涂料以水为分散剂，具有无毒、无味的特点，施工性能好，耐污性强，质感细腻，致密坚硬，耐酸碱腐蚀，有较好的装饰性，与基层有较强的粘结力。

2）用途。硅溶胶外墙涂料主要用于无机板材、内墙、外墙、顶棚饰面。

（5）砂壁状建筑外墙涂料（彩砂涂料） 砂壁状建筑外墙涂料的涂膜表面具有砂壁一样粗犷的外表，是一种厚质涂料。该涂料是以合成树脂乳液为主要成膜物质，以各种颜色、不同粒径的彩砂和石粉为骨架材料，配以增稠剂和助剂加工制成。

（6）氟碳涂料 氟碳涂料是在氟树脂基础上经改性、加工而成的涂料，属于性能最优异的一种新型涂料。

1）分类。氟碳涂料按固化温度的不同分为高温固化型（180℃以上）、中温固化型、常温固化型。

2）特性。氟碳涂料具有优异的耐候性、耐污性、自洁性，耐酸、耐碱、抗腐蚀性强，耐高低温性能好。涂层硬度高，与各种材质有良好的粘结性能，使用寿命长，装饰性好，可以配出实体色、金属色、珠光色以及特殊色彩，涂膜细腻有光泽。施工方便，可以喷涂、辊涂、刷涂。

3）应用。氟碳涂料主要用于制作金属幕墙表面涂饰、铝合金门窗、型材、无机板材、内外墙装饰以及各种装饰板涂层。

8.3.3 地面涂料

1. 聚氨酯地面涂料

聚氨酯地面涂料分为薄质罩面涂料与厚质弹性地面涂料两类。前者用于木质地板或其他地面的罩面上光，后者刷涂水泥地面形成无缝弹性耐磨涂层，因此称为弹性地面涂料。

（1）特性 聚氨酯地面涂料涂膜具有优良的防腐性能，耐酸、耐水、耐油、耐碱、耐磨，与水泥地面粘结力强，有弹性，脚感舒适，光洁而不滑，不积尘，易清洁，色彩丰富，可以做成各种图案，重涂性好，便于维修。但其缺点是价格较贵，施工为双组分，现场配制施工操作复杂。

（2）用途 聚氨酯地面涂料适用于图书馆、健身房、歌舞厅、影剧院、办公室、会议室、工业厂房、车间、机房、地下室、卫生间等有耐磨、耐油、耐腐要求的水泥地面装饰。

2. 环氧树脂地面涂料

环氧树脂地面涂料又称环氧树脂地面厚质涂料，是一种双组分常温固化型的涂料。

（1）特性 涂膜坚硬，有一定的耐磨性，耐水、耐酸、耐碱、耐有机溶剂、耐化学腐蚀性好，涂膜有一定韧性，但施工操作比较复杂。

（2）用途 环氧树脂地面涂料适用于机场、车库、实验室、化工厂以及有耐磨、防尘、耐酸、耐有机溶剂、耐水要求的水泥地面装饰。

3. 聚醋酸乙烯地面涂料

聚醋酸乙烯地面涂料是由聚醋酸乙烯乳液、水泥及颜料、填料配制而成的一种地面涂料，是有机与无机相结合的聚合物水泥地面涂料。

（1）特性　无毒，无味，早期强度高，与水泥地面结合力强，不燃，耐磨，抗冲击，有一定弹性，装饰效果好，价格适中。

（2）用途　聚醋酸乙烯地面涂料取代塑料地板或水磨石地坪，用于实验室、仪器装配车间等水泥地面。

8.3.4　防火涂料

1. 分类

1）按防火原理分为膨胀型防火涂料、非膨胀型防火涂料。

2）按用途分为饰面防火涂料（木结构等可燃基层用）、钢结构防火涂料、混凝土防火涂料。

2. 品种

（1）饰面防火涂料　饰面防火涂料是指把膨胀型防火涂料涂于材料表面，在持续高温或火焰作用下形成炭化泡沫隔热层，隔绝氧气，阻止了热量向材料可燃基层上传递，从而达到阻燃目的。饰面防火涂料主要适用于木材及其他可燃材料的表面防火处理。

（2）钢结构防火涂料　钢结构是一种不燃材料，但是不耐火烧，其原因是钢结构在火灾温度下 15min 自身温度就升至 540℃，强度下降 50% 以上，很快就会软化变形，失去支撑力导致钢结构垮塌。

钢结构防火涂料分类：有机膨胀型防火涂料（薄型），适用于保护裸露的钢结构；无机防火涂料（厚型），适用于保护隐蔽的钢结构。

8.3.5　木器常用涂料（油漆）

油漆是涂料中的另一大类，它主要用于木制品、钢制品等材料表面的装饰和保护。

1. 油脂漆

油脂漆是以具有干燥能力的油类为主要成膜物质的漆种。它装饰方便、渗透性好、价格低，气味与毒性小，干固后的涂层柔韧性好。但涂层干燥缓慢，涂层较软，强度差，不能砂磨抛光，耐温性和耐化学性差。常用的油脂漆有清油、厚漆和油性调和漆。

2. 天然树脂漆

天然树脂漆是以各种天然树脂加干性植物油经混炼后，再加入催干剂、溶剂、颜料等制成的。与油脂类相比，天然树脂漆的成膜性、装饰性较好，气味和毒性小，使用方便，但易变样走色，特别是直接暴露在大气条件下，在短期内会发生失光、粉化、裂纹等弊病。常用的天然树脂漆有虫胶漆、大漆等。

3. 酚醛树脂漆

酚醛树脂漆是以酚类和醛类在酸或碱催化剂存在时，经缩聚反应而制得的酚醛树脂为主要成膜物质的漆，属油性漆。酚醛树脂漆的漆膜柔韧耐用，光泽较好，有很好的耐水、耐酸碱、耐磨以及耐化学药品的性能，施工方便，价格较低，但颜色较深，易泛黄，漆膜软，涂层干燥慢，不能砂磨抛光，光洁度差，涂层干后稍有粘性。酚醛树脂清漆中添加颜料，可制得各种颜色的酚醛树脂磁漆和底漆。

4. 醇酸树脂漆

醇酸树脂漆是以醇酸树脂为主要成膜物质的油漆，属油性漆。醇酸树脂与其他树脂有较好的混溶性，能与其他多种油漆混合使用。醇酸树脂漆不易老化，光泽持久时间长，无毒，漆膜柔韧、耐磨，综合性能高于酚醛树脂漆。醇酸树脂漆的表面干结成膜速度较快，但完全干透时间很长，保光性、耐水性、耐碱性差，漆膜有泛黄现象，漆膜较软而不宜打磨抛光。

5. 硝基漆

（1）品种 硝基漆又称蜡克，曾是我国家具、竹、木地板饰面的基料之一，其品种有硝基本器清漆、硝基本器磁漆及其底漆等。

（2）特性 干燥快，装饰性好，透明度高，可充分显示木材的自然花纹，耐磨，耐候，便于修复。

（3）缺点 含固量低，溶剂挥发多，易造成环境污染，费工，费时。

（4）用途 硝基漆主要作为竹、木地板，家具及木制品的涂料。

6. 聚酯树脂漆

（1）品种 以不饱和聚酯树脂和苯乙烯为主的聚酯树脂漆是无溶剂型漆，漆中苯乙烯有双重作用。

（2）特性

1）不饱和聚酯树脂漆可以常温固化，也可以加温固化，干燥迅速。

2）涂膜丰满厚实，有较好的光泽度、保光性及透明度，可以充分显现木材的自然花纹。漆膜硬度高，耐磨，保光、保温性好，具有较高的耐热性、耐寒性、耐温变性，同时，还有耐水、耐多种化学药品的作用。

3）固体含量高，固化时溶剂挥发少、污染小。

（3）缺点

1）涂膜附着能力不好，稳定性差，涂膜硬而脆，不能受过重的冲击力。

2）因为是双组分固化型，所以要在施工现场配制，比较麻烦。

3）涂膜破损不易修补，涂膜干性不易掌握，表面易受氧阻聚。

4）施工不能用虫胶漆或虫胶腻子打底，否则会降低粘附力。

5）施工温度不小于15℃，否则固化困难。

（4）用途 不饱和聚酯树脂漆主要用于高级地板涂饰，也可用于家具涂饰。

7. 聚氨酯漆

（1）特性

1）涂膜坚硬有韧性，与各种材料表面有优异的附着力，涂膜机械强度高，高度耐磨，因而广泛用于竹、木地板，船甲板。

2）装饰效果好，聚氨酯涂料可制成高光和亚光的丰满涂层，对木地板具有保护功能。涂膜的弹性、耐磨性可根据需要调节成分配比，可以从极坚硬调至极柔韧的弹性耐磨涂层，能高温固化也能常温或低温（0℃以下）固化。所以，可以在现场施工，也可以工厂化涂饰。

3）具有优良的耐溶性和耐化学腐蚀性。

（2）缺点

1）含有游离异氰酸酯（TDI），污染环境，对人体有害。

2）含有大量活性很高的异氰酸酯基，遇水或潮气时易胶凝起泡。

3）受紫外线照射后易分解，使涂膜泛黄，保色性差。

8.4 涂料的应用

8.4.1 涂料的应用方式

1. 涂刷墙面乳胶漆

1）基层处理。被涂刷的墙面应清扫干净，再用白水泥、801 胶腻子填补凹凸不平处，然后满刮腻子二遍，干硬后用砂纸打磨光滑。

2）涂刷 801 胶。为了避免墙面基层吸水太快，以及使基层吸水一致，可先在墙面基层满刷一遍按 1∶3 稀释的 801 胶水。

3）涂刷乳胶漆。涂刷乳胶漆可用漆刷或羊毛排笔，大面积施工时采用辊筒辊涂。加入色浆的乳胶漆如感到太稠，可加适量清水稀释。刷涂乳胶漆，每道厚度不宜超过 0.4mm，一般做有色墙面如鸭蛋青、米黄、淡蓝等应刷涂两遍，白色及乳白色应刷涂三遍成活。乳胶漆干燥快，涂刷时可由多人配合，以免干湿重叠出现接头，每个被涂的墙面应一次刷完，刷第一遍乳胶漆后如有透底、厚薄不均匀现象，不能用点补的方法进行处理，应再全面涂刷一遍，否则容易产生色差，影响效果。

乳胶漆系水溶性涂料，温度在 0℃ 以下要冰冻。如遇冻结，不能用火烤或沸水融化，只能在室内适当温度条件下自然解冻。乳胶漆加水将影响其原有质量，一般只在刷第一遍时才适量加水稀释，在刷第二遍或第三遍时不应加水或尽量不加水。

2. 油漆木门窗

1）清理基层。施工前必须将木门窗上的油污、砂灰、泥浆等脏物清除干净，特别是门框与窗框表面的石灰、泥浆要仔细剔除，用砂纸将木门窗上的毛刺打磨平滑，并在松节处点上虫胶漆加以封闭，以防松脂渗出。用干毛刷将各部位残留的尘灰清扫干净。

2）刷底油。木门窗在涂漆之前，都应先刷一道底油，以封闭木面，使木面不再吸潮，同时能提高整个涂层对木面的附着力和增强腻子的牢固性。底油可采用清油，如虫胶漆、酚醛清漆或醇酸清漆。底油一般调得比较稀薄，也可在底油里加一些着色颜料或油性色漆。

3）刮腻子。待底油干透后，用石膏油腻子（配合比为石膏粉∶熟桐油∶松香水∶水 = 16∶5∶1∶适量）或用调和漆和石膏粉及水调成腻子，将钉眼、裂缝、节疤、凹陷、缺损处刮批平整。在嵌缝填孔时，每处刮过后，要随即用刮刀将周围腻子收刮干净，否则干后很难打磨。如果腻子干后收缩，可用同种腻子重新刮批，至平整为止。上、下冒头易受雨水侵蚀，也应涂刮腻子。

4）打磨。腻子干透后，应用砂纸打磨。操作时用力要得当，用力过小腻疤不易磨平，过大易磨破底层涂漠。打磨中，应不断地将砂纸上的腻子灰掸去，以免堵塞砂孔，影响打磨效果。打磨完后，应用干刷帚将尘灰清扫干净。

5）刷面漆。面漆主要刷调和漆。涂刷前根据要求的色彩和需用量，选用该色调和漆，应一次配出，以免中途再配，色彩不一，影响质量。

油漆门窗一般都采用手工刷涂，操作顺序大都按先上后下，先难后易，先左后右，先外后里（窗）、先里后外（门）的顺序进行的。如刷窗扇时，两扇窗应先刷左扇，后刷右扇；三扇窗应最后刷中间一扇。每个门或窗刷毕要仔细检查，如有漏刷、流挂要及时修刷。洗刷全部结束后，要将窗扇打开，挂好风钩，门扇也要敞开用木楔支牢。这样既有利于涂膜的干燥，又能防止起风时门扇或窗扇与框子碰牢相互粘连。

刷涂面漆比刷底油要求严格。一般涂两道为宜，两道间隔 24h。头道面漆干后，应用细砂纸轻轻打磨光滑，用布抹净灰尘后再涂第二道。如果要涂三道面漆，可在最后一道调和漆中，加入适量同类型的清漆，这样会提高涂膜的光泽度。

如刷涂醇酸调和漆，刷涂速度就应快一点。一般来说，涂刷 $1m^2$ 门扇（单面积）的时间不宜超过 5min，涂刷 $1m^2$ 窗扇（连窗框计）的时间不宜超过 7min。

油漆门窗做到边线要刷直，内外面分色接缝处要挺括，不要相互沾染。在刷涂过程中，应注意不要超出门窗外框的边沿。如果已装上玻璃的门窗，应注意不要使漆沾到玻璃和门窗的小五金零件上。滴在玻璃、窗台、地板上的漆要及时擦掉。在油漆高层楼房的窗时应注意安全，应系上安全带，以防高空坠落。

8.4.2 涂饰方案的确定

很多木材内部是含有色素的，因而不同树种木材的颜色也各不相同。如桑木是鹅黄色的、椴木是黄白色的、香樟木是红褐色的、核桃木是栗壳色的，有的心材颜色很深而边材颜色较浅，也有的颜色和纹理都不好看，所以在装修涂饰时一定要根据木纹的纹理和颜色来确定涂饰方案。

1）香樟木、核桃木、椴木、桑木等木材的整个表面色泽很匀称，应当保持其原色，如果其心材颜色很深，边材色泽较浅，这时应当先将木材拼色，涂饰成较深的均匀色调。

2）一些木材的纹理和颜色与某些珍贵木材很接近，那么在涂装过程中就可以仿制类似的珍贵木材，如桦木可仿制成核桃木、色木可仿制成花梨木、榆木可仿制成桃花心木。用这种方法处理，可以节约很多珍贵木材，提高普通木材的使用价值。

3）不同颜色和结构的木材，应当采用不同的涂饰方法，有些木材结构比较致密，材色比较浅淡，但有柔和的特点，如桦木、黄杨、椴木、榉木等木材，常采用透明涂饰，漆成本色，尽量保留材质本来的颜色；对于颜色较深而又不一致的木材，可漆成庄重的透木纹的深色；对于管孔较大的木材还可以在管孔处填以不同颜色的腻子，使木材纹理显得更为美观。

松木、杉木等针叶树材，不但色泽浅淡、材质较软，而且纹理很不美观，可以通过仿制木纹的办法，使其表面形成假木纹，再透明涂饰。

凡用针叶树材制作的普通建筑构件，如门、窗、楼梯、地板以及普通家具，都可采用不透明涂饰。

8.4.3 涂刷的基本方法

由于涂刷对象不同，涂刷的目的和要求也不同，为此所采用的涂刷技术和方法也各不相同。常用的涂刷方法有以下几种：

1. 刷涂法

刷涂法是人工以刷子为工具的古老而又普遍的一种施工方法。

　　刷涂法的优点是：节省涂料、工具简单、施工方便、易于掌握、灵活性强，而且对于涂料品种的适应性也强，可用于各品种涂料的涂刷。

　　刷涂法的缺点是：由于手工操作，因此劳动强度大，生产效率低，不适于快干性涂料的施工。如操作者不熟练，动作不敏捷，涂膜会产生刷痕、流挂和涂刷不匀的缺陷。

　　刷涂法宜按先左后右、先上后下、先难后易、先边后面的顺序进行，以保证刷涂面质量。刷涂工具及顺序如图 8-1 所示。

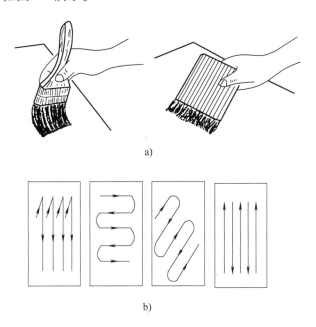

图 8-1　刷涂工具及顺序
a）刷涂工具　b）刷涂顺序

2. 刮涂法

　　刮涂法就是采用金属或非金属的刮刀，对粘稠涂料进行厚膜涂装的一种方法，一般用来涂刮腻子和填孔等。刮涂工具如图 8-2 所示。

　　刮涂操作方法是涂装工艺中一个重要的基本功，特别是在木制家具油漆工艺中，无论采用哪种涂装方法，都离不开刮涂操作。它决定着物面的平整、光洁与否，并且关系到打磨所用的时间，也影响到涂层的质量。

　　各种物件或构件的表面通常都有凹陷、气孔、裂缝、钉眼以及其他凹凸不平的缺陷，常借助腻子来填满和嵌平，以增强物体和构件的美观，对涂层的光洁和平滑起着一定的作用，所以刮腻子是一项重要的基础工作。但应该指出，腻子层本身不能提高整个涂层的保护性能。同时，腻子层与底涂、面涂配合不当，刮得过厚或干燥不透，还会使整个涂层的力学性能和保护性能下降。因此，物件表面的缺陷，尽可能通过机械加工的方法（如喷砂、清理、凿平、打磨、刨光等）来消除。

3. 砂磨

　　1）新的木器、家具、乐器等，在施工前先用湿布擦一遍，等干燥后，用 1 号砂纸顺木纹砂磨；木质不够平整的地方，应用砂纸包裹小木块或硬橡皮来打磨。

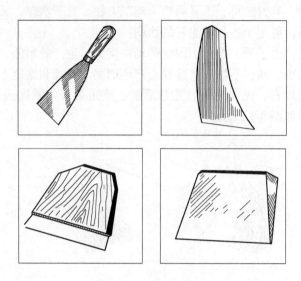

图 8-2 刮涂工具

2）水磨时，一般先进行圈磨、斜磨，最后再顺木纹砂磨。水磨前应将水砂纸在温水中浸泡片刻，使之柔软。在打磨时要不断蘸水湿磨，有时为了避免木器湿透变形也可不蘸水，而在漆膜表面洒些煤油打磨。

3）在金属表面砂磨之前，一定要先经除锈、脱脂、去污等工序，否则砂磨时易使砂布腻牢。

4）批刮得较厚的腻子表面打磨时，要坚持"以高为准，用板磨平"的原则，切不可盲目砂磨。

5）越是最后的涂层，质量要求越高，打磨的砂纸和操作越应精细，有时为了节约，也可用旧水砂纸打磨。要求较高的木器，到最后必须用砂蜡进行打磨。在打磨砂蜡和光蜡时，棉纱中切忌混有铁屑、木刺、砂粒等硬物，否则会留下很深的痕迹，影响美观。

4. 擦涂法

擦涂法所获得的透明涂膜，装饰性极高，其表现为平整光滑。涂膜经过修饰抛光具有镜子般的光泽，并能经久保持，木纹清晰，木材表面的所有阴影、色调变化、年轮以及错综交织的纤维等格外美观悦目，整个表面的花纹图案富有立体感。同时，由于木材表面的各种缺陷如斑点、条痕、不平甚至极其微小的擦伤等都会明显地显露出来，所以采用擦涂法施工的木材表面要求较高，施工周期长，因此它只适用于高级木器的油漆装饰。

擦涂法之所以能够获得高装饰质量的漆膜，是因为擦涂法的涂饰过程符合形成优质漆膜的规律。每擦涂一次均能形成一个较为平整、均匀而又极薄的涂层，干燥时收缩很小。擦涂的压力比刷涂大，能把涂料压入木孔内，因而漆膜厚实丰满。此外，每擦涂一遍硝基漆，都对前一个涂层起到两个作用：一是增加涂层厚度，二是对前一个涂层起到一定程度的溶平修饰的作用，漆中的溶剂能把前一个涂层上的皱纹、颗粒、气泡等凸出部分溶去，而漆中的成膜物质又能把前一涂层凹入部分填补起来，这样又形成了一个新的较为平整均匀的涂层。经这样多次的积优去弊，最终的漆膜表面便较为平滑均匀，再经进一步修饰，就能获得具极高装饰质量的漆膜。

5. 擦砂蜡和光蜡

砂蜡和光蜡是提高家具漆面质量的最后一道工序，应细致耐心地操作。

1）事先将砂蜡用煤油调成浆糊状，用新毛巾或棉纱团蘸取砂蜡浆，在漆膜表面反复用力揩擦。每处需往返用力擦 200～250 个来回，等感到漆蜡表面擦得发"热"时，漆膜便会达到一定的亮度。这时，再用蘸煤油的清洁毛巾反复用力擦漆膜，收净余蜡。擦砂蜡时，构件必须有所依托，如擦门板或板式家具，最好能拆下平放于工作台上，这样能使擦蜡时用力均匀，提高效率。如果漆膜表面比较粗糙，可先用 400 号水砂纸，蘸温水将漆膜打至平整光滑，然后再用砂蜡将砂痕磨平。

2）光蜡打磨。光蜡打磨较砂蜡打磨省力、省工，一般用脱脂棉蘸家具光蜡，每处往返用力擦 10～15 个来回，亮度即增。擦光蜡的要领为速度要快，用力要匀，这样可使漆膜产生热度，使擦后的漆膜达到平滑如镜，光亮照人的效果。

3）目前市场上有"家具护理喷蜡"，可以使用这种喷蜡对各种木质、皮革、聚酯板、防火板、大理石、家用电器进行护理、上光。使用前，最好先摇匀，握直喷雾罐，呈 45°角，对准干布，距离约 15cm，轻轻地喷一下，再用干布擦拭物面，往返用力擦 10 多个来回，使擦后的漆面光亮如镜。

在擦光蜡时必须使用毛巾、细棉布、棉织绵纱或绒布，绝对不能使用粗布或有线头的服装碎片。

6. 辊涂法

辊涂施工有两种：一是手工辊涂，二是机械辊涂。在居室装饰中常使用手工辊涂。

手工辊涂采用海绵、橡胶或其他多孔性吸附材料制成的辊子，先在平盘上或料斗内辊以涂液，再施加轻微的压力在被涂物面上来回滚动。此法适用于室内建筑墙面和顶棚的涂装。

在墙上最初辊涂时，为使涂层厚薄一致防止涂料滴落，辊筒要从下向上，再从上向下成 M 形滚动。滚动几下后，辊筒表面已比较干燥，这时再用辊筒把刚辊涂过的表面轻轻用辊筒理一下，然后就可以水平或垂直地接着往下继续辊涂。辊筒经过最初的滚动几下以后，整个筒套上的绒毛会向一个方向倒伏，顺着倒伏方向辊涂就会涂成最平整的漆膜。因此，辊涂时应查看一下辊筒的端部，以确定筒套绒毛的倒伏方向。辊涂工具及顺序如图 8-3 所示。

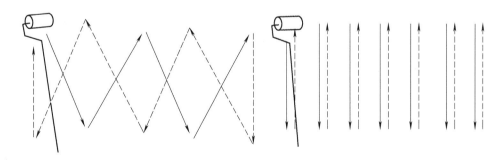

图 8-3　辊涂工具及顺序

辊涂顶棚的方法与辊涂墙面基本相同，即沿着房间的宽度辊涂，顶棚过高时可使用加长手柄。辊筒也可辊涂地面，辊涂时要把地面大致分成许多 1m 见方的小块，将涂料倒在小块中央，用辊筒将涂料摊开，平稳有序地辊涂，阴角及上下口宜采用排笔刷涂找齐。

7. 喷涂法

　　喷涂是一种常用的墙面涂料施工方式。压缩空气喷涂是用一种喷涂枪,借助于压缩空气的气流把涂液雾化成雾状,喷射于物体的表面,被喷涂的物体表面能形成薄而均匀的漆膜,一般情况下,喷涂施工的涂膜比手工刷涂的更加光滑、美观。在实际操作时,喷枪压力宜控制在0.4~0.8MPa范围内。喷涂时,喷枪与墙面应保持垂直,距离宜在500mm左右,匀速平行移动,两行重叠宽度宜控制在喷涂宽度的1/3。喷涂工具如图8-4所示。

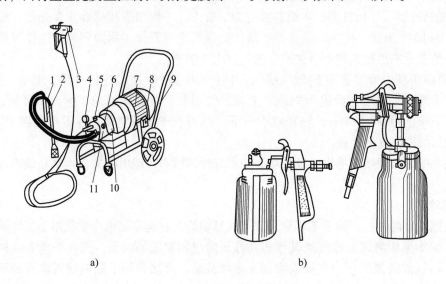

图8-4　喷涂工具

a) 高压无气喷涂机　b) 喷涂枪

1—吸料管　2—排料管　3—喷枪　4—压力表　5—单向阀　6—卸压阀

7—电动机　8—开关　9—小车　10—柱塞油泵　11—涂料泵(隔膜泵)

　　喷涂施工的主要优缺点如下:

　　1) 用喷涂施工时,物体如有细孔、倾斜、曲线,打磨后留下的砂痕、凹凸等地方,都能喷涂均匀,得到光滑而平整的涂膜。

　　2) 施工效率高,比刷涂法施工快5~10倍,尤其是大面积物体用喷涂施工,更为有效。

　　3) 有些涂料的流展性不高,而干燥又快,如硝基漆(俗称"喷漆")、过氯乙烯漆等,用刷涂法涂刷时,漆膜往往留有刷痕而影响外观,并且施工效率低。若用喷涂施工,可防此类现象的发生。

　　4) 喷涂施工的缺点是:漆消耗量高达40%;一次喷涂不宜过厚,故施工道数增多;施工时散发的溶剂量多,造成较严重的环境污染,易引起火灾和爆炸的危险。所以对安全和劳动保护措施要求更为严格。

　　喷涂施工的改进措施技术处理方法有:

　　1) 用热喷涂施工,就是将涂料加热到60~70℃,以降低涂料的黏度。这样可减少稀释剂的用量,涂料中成膜物含量就相对增多,亦可减少施工道数。

　　2) 在特制的喷涂室内进行喷涂施工,飞散的涂雾可用回收装置回收,既可回收一部分材料,又可减少喷涂时着火和爆炸的危险。

过去用于喷涂的溶剂和稀释剂是以苯类溶剂为主的,现已逐渐用无苯类溶剂所代替。无苯类溶剂或稀释剂的成本稍高,但对人体的危害性比较低。

8.4.4 涂料应用要点

1. 基层处理

1)混凝土及水泥砂浆抹灰基层:应满刮腻子、砂纸打光,表面应平整光滑、线角顺直。

2)纸面石膏板基层:应按设计要求对板缝、钉眼进行处理后,满刮腻子、砂纸打光。

3)清漆木质基层:表面应平整光滑、颜色协调一致、表面无污染、裂缝、残缺等缺陷。

4)调和漆木质基层:表面应平整、无严重污染。

5)金属基层:表面应进行除锈和防锈处理。

2. 面层处理

1)木质基层涂刷清漆:木质基层上的节疤、松脂部位应用虫胶漆封闭,钉眼处应用油性腻子嵌补。在刮腻子、上色前,应涂刷一遍封闭底漆,然后反复对局部进行拼色和修色,每修完一次,刷一遍中层漆,干后打磨,直至色调谐调统一,再做饰面漆。

2)木质基层涂刷调和漆:先满刷清油一遍,待其干后用油腻子将钉孔、裂缝、残缝、残缺处嵌刮平整,干后打磨光滑,再刷中层和面层油漆。

3)对泛碱、析盐的基层应先用3%的草酸溶液清洗,然后用清水冲刷干净或在基层上满刷一遍耐碱底漆,待其干后刮腻子,再涂刷面层涂料。

4)浮雕涂饰的中层涂料应颗粒均匀,用专用塑料辊蘸煤油或水均匀辊压,厚薄一致,待完全干燥固化后,才可进行面层涂饰。面层为水性涂料应采用喷涂,溶剂型涂料应采用刷涂,间隔时间宜在4h以上。

5)涂料、油漆打磨应待涂膜完全干透后进行,打磨应用力均匀,不得磨透露底。

8.4.5 涂料应用质量标准

1. 水性涂料

水性涂料中包括乳液型涂料、无机涂料、水溶型涂料等。

(1)基本要求

1)涂料的品种、型号和性能等应符合设计要求。

2)基层缺棱和空鼓处应用水泥砂浆修补平整,表面上的灰尘、污渍及原墙顶面上的各种涂料应清除干净。

3)腻子与基体结合应坚实、牢固、不粉化、无裂纹。

4)涂料表面颜色应一致,平整、光滑,不得有起皮、起壳、鼓泡、透底、漏刷、掉粉、泛碱、返色、砂眼、流坠、粒子等缺陷。

(2)质量要求和检验方法 水性涂料的表面外观应符合上述基本要求,检验方法距1m目测及手摸检查。

薄涂料的涂饰质量和检验方法见表8-2。

表8-2 薄涂料的涂饰质量和检验方法

项次	项 目	普通涂饰	高级涂饰	检验方法
1	颜色	均匀一致	均匀一致	
2	泛碱、咬色	允许少量轻微	不允许	
3	流坠、疙瘩	允许少量轻微	不允许	观察
4	砂眼、刷纹	允许少量轻微砂眼，刷纹通顺	无砂眼，无刷纹	
5	装饰线、分色线直线度允许偏差/mm	2	1	拉5m线，不足5m拉通线，用钢直尺检查

厚涂料的涂饰质量和检验方法见表8-3。

表8-3 厚涂料的涂饰质量和检验方法

项次	项 目	普通涂饰	高级涂饰	检验方法
1	颜色	均匀一致	均匀一致	
2	泛碱、咬色	允许少量轻微	不允许	观察
3	点状分布	—	疏密均匀	

复层涂料的涂饰质量和检验方法见表8-4。

表8-4 复层涂料的涂饰质量和检验方法

项 次	项 目	质 量 要 求	检 验 方 法
1	颜色	均匀一致	
2	泛碱、咬色	不允许	观察
3	喷点疏密程度	均匀，不允许连片	

2. 溶剂型涂料

溶剂型涂料包括丙烯酸酯涂料、聚氨酯丙烯酸涂料、有机硅丙烯酸涂料等。

（1）基本要求

1）涂料的品种、型号和性能等应符合设计要求。

2）涂料表面颜色应一致，平整、光滑。

3）色漆不得有透底、流坠、皱皮、漏刷、脱皮、泛锈等缺陷。

4）清漆不得有流坠、皱皮、漏刷、脱皮、裹棱、刷纹、鼓泡、斑纹等缺陷。

（2）质量要求和检验方法 溶剂型涂料的表面外观应符合上述基本要求，检验方法距1m目测及手摸检查。

涂料装饰线允许偏差和检验方法同水性涂料。

色漆的涂饰质量和检验方法见表8-5。

表8-5 色漆的涂饰质量和检验方法

项次	项 目	普通涂饰	高级涂饰	检验方法
1	颜色	均匀一致	均匀一致	观察
2	光泽、光滑	光泽基本均匀，光滑无挡手感	光泽均匀，一致光滑	观察、手摸检查
3	刷纹	刷纹通顺	无刷纹	观察
4	裹棱、流坠、皱皮	明显处不允许	不允许	观察
5	装饰线、分色线直线度允许偏差/mm	2	1	拉5m线，不足5m拉通线，用钢直尺检查

清漆的涂饰质量和检验方法表8-6。

表8-6 清漆的涂饰质量和检验方法

项次	项 目	普通涂饰	高级涂饰	检验方法
1	颜色	均匀一致	均匀一致	观察
2	本纹	棕眼刮平、木纹清楚	棕眼刮平、木纹清楚	观察
3	光泽、光滑	光泽基本均匀，光滑无挡手感	光泽均匀，一致光滑	观察、手摸检查
4	刷纹	无刷纹	无刷纹	观察
5	裹棱、流坠、皱皮	明显处不允许	不允许	观察

小 结

1. 涂料主要由成膜物质（胶结剂）、次要成膜物质（颜料）、辅助成膜物质（溶剂）组成。

2. 涂料按所用基料（化学成分）、构成涂膜的主要成膜物质、建筑使用部位、功能、涂膜状态等不同进行分类。

3. 涂料的主要品种包括内墙涂料、外墙涂料、地面涂料、防火涂料、木器常用涂料（油漆）等。

4. 涂料的应用方式包括涂刷墙面乳胶漆、油漆木门窗、涂饰方案的确定、涂刷的基本方法等。

5. 涂料的应用要点包括基层处理和面层处理。

6. 水性涂料和溶剂型涂料的表面外观应符合基本要求的内容，检验方法距1m目测及手感检查。

思 考 题

8-1 涂料由哪些物质组成?

8-2 按化学成分不同对涂料进行分类。

8-3 常用的内墙涂料有哪些品种?

8-4 防火涂料的类型和品种有哪些?

8-5 怎样涂刷墙面乳胶漆?

实训练习题

8-1 列出涂料的常用涂刷方法。

8-2 观察所在教室的涂刷质量。

第 9 章　金属制品与应用

学习目标：通过本章内容的学习，了解金属制品的构造、特性，熟悉金属制品的品种类型，掌握金属制品的应用方式和质量标准，提高对金属制品在建筑装饰装修中的设计应用能力。

在装饰装修工程中常用的金属材料包括：钢、金、银、铜、铝、锌、钛及其合金和与非金属材料组成的复合材料（包括铝塑板、彩钢夹芯板等）。金属材料可加工成板材、线材、管材、型材等多种类型以满足各种使用功能的需要。常用的金属制品有以下几种。

9.1　金属龙骨

9.1.1　轻钢龙骨

轻钢龙骨是用镀锌钢板或优质轧带板经过剪裁、冷弯、辊轧、冲压成形的金属龙骨，是目前常用的顶棚和隔墙的骨架材料。

轻钢龙骨是一种轻质材料，与石膏板组成吊顶，其自重约为 $12kg/m^2$。轻钢龙骨防火性能好，施工效率高（$3\sim4m^2/$日），结构安全可靠，抗冲击性能好，抗震性能好，可提高隔热、隔声效果和场地利用率。

1. 隔墙轻钢龙骨

隔墙轻钢龙骨的代号为"Q"，主要规格有 C50、C75、C100、C150 系列，其中 C75 系列以下的一般用于层高 3.5m 以下的隔墙，C75 系列以上的主要用于层高 $3.5\sim6.0m$ 的隔墙。隔墙轻钢龙骨的主件有沿地龙骨、竖向龙骨、加强龙骨、通贯龙骨，其配件有支撑卡、卡托、角托等。

隔墙轻钢龙骨主要适用于办公楼、饭店、医院、娱乐场所、影剧院等的分隔墙和走廊隔墙等部位。在实际隔墙装饰工程中，一般常用于单层石膏板隔墙、双层石膏板隔墙、轻钢龙骨隔声墙和轻钢龙骨超高墙等。隔墙轻钢龙骨规格见表 9-1。

表 9-1　隔墙轻钢龙骨规格表

名称及代号		主配件断面	断面尺寸 $/\left(\dfrac{A}{mm}\times\dfrac{B}{mm}\times\dfrac{t}{mm}\right)$	备　　注
横龙骨	QU—50		$52\times B\times0.7$	
	QU—75		$77\times B\times0.7$	$B\geqslant35$
	QU—100		$102\times B\times0.7$	

（续）

名称及代号		主配件断面	断面尺寸／$\left(\dfrac{A}{mm} \times \dfrac{B}{mm} \times \dfrac{t}{mm}\right)$	备 注
竖龙骨	QC—50		$50 \times B \times 0.7$	$B \geqslant 45$
	QC—75		$75 \times B \times 0.7$	
	QC—100		$100 \times B \times 0.7$	
加强龙骨	QC—50J		$50 \times B \times 1.5$	$B \geqslant 45$
	QC—75J		$75 \times B \times 1.5$	
	QC—100J		$100 \times B \times 1.5$	
通贯龙骨	Q—1		$20 \times 12 \times 1.0$	
	Q—2		$38 \times 12 \times 1.0$	
支撑卡	QC50—1		$48 \times 25 \times 0.7$	
	QC75—1		$73 \times 30 \times 0.7$	
	QC100—1		$98 \times 35 \times 0.7$	
通贯龙骨连接件	Q1—1		$18 \times 10 \times 1.0$	
	Q2—1		$36 \times 10 \times 1.0$	
减振条	Q—3		$75 \times 12 \times 0.5$	

2. 吊顶轻钢龙骨

用轻钢龙骨制作的吊顶，按其承载能力可分为不上人吊顶和上人吊顶两种。不上人吊顶只承受吊顶本身的重量，龙骨的断面尺寸一般较小；上人吊顶不仅要承受吊顶本身的重量，还要承受人员走动的重量。一般上人吊顶应承受 $80 \sim 100 \text{kg/m}^2$ 的集中荷载，常用于空间较大的影剧院、音乐厅、会议中心或有中央空调的顶棚工程。

吊顶轻钢龙骨的代号为"D"，主要规格有 U38、U50 和 U60 系列。

轻钢龙骨吊顶材料主要适用于饭店、办公楼、娱乐场所、医院、音乐厅、会议中心、影剧院等新建或改建工程。吊顶轻钢龙骨的规格及配件分别见表9-2和表9-3。

表9-2 吊顶轻钢龙骨规格表 （单位：mm）

构件名称	代 号	构件断面	断面尺寸				长 度
			A	B	A'	t	
承载龙骨	DU38		12	38	—	1.0	3000
	DU50		15	50	—	1.2	3000
	DU60		24	60	—	1.2/1.5	3000
覆面龙骨	DF50		19	50		0.50	3000

（续）

构件名称	代 号	构件断面	断面尺寸 A	B	A′	t	长 度
横撑龙骨	DF50		19	50	—	0.50	3000
边龙骨	DU20		20	20	30	0.60	3000
角龙骨	DL30		23	30	—	0.60	3000
支撑卡			50	100	—	0.80	3000

表 9-3　吊顶轻钢龙骨配件表

构件名称	图 形	用 途	构件名称	图 形	用 途
吊杆		用于吊挂全部吊顶荷载的构件（用角龙骨制作）	覆面龙骨卡件		用于吊挂覆面龙骨的构件
吊顶转角连接件		用于角龙骨和楼板的固定连接	横撑龙骨挂件		用于横撑龙骨同覆面龙骨搭接的构件
可调式吊杆		用于吊挂全部吊顶荷载的构件（螺纹钢筋）	承载龙骨连接件		用于承载龙骨加长的连接件
承载龙骨吊件		用于悬吊承载龙骨的构件	覆面龙骨连接件		用于覆面龙骨加长的连接件

9.1.2　烤漆龙骨

烤漆龙骨是最近几年发展起来的龙骨新品种，其产品新颖、颜色鲜艳、规格多样、强度较高、价格适宜，因而在室内顶棚装饰中广泛采用。烤漆龙骨是采用高张力镀锌烤漆钢板，用精密成形机器加工而制成的。龙骨结构组合紧密、牢固、稳定，具有防锈不变色和装饰效果好等优良性能。龙骨条的外露表面经过烤漆处理，可与顶棚板材的颜色相匹配。

烤漆龙骨为 T 形和 L 形，并呈方格状外露，与装饰石膏板、矿棉板等组成 500mm × 500mm、600mm × 600mm、600mm × 1200mm 的格子，可产生较好的整体装饰效果。拼装面板可以任意拆装，维修方便，适用于各类公共建筑的室内顶棚装饰，达到整洁、明亮、简洁的效果。

9.1.3 铝合金龙骨

铝合金龙骨是铝合金材料经过电氧化处理后的室内吊顶材料，具有轻质、高强、不锈、美观、抗震、安装方便等特点。铝合金吊顶龙骨与烤漆龙骨一样为 T 形和 L 形，并呈方格状外露，与装饰石膏板、矿棉板等组成 500mm × 500mm、600mm × 600mm、600mm × 1200mm 的格子。常用型号有 TC60、TC50 和 TC38。铝合金龙骨形状及尺寸见表 9-4。

表 9-4　铝合金龙骨形状及尺寸

	主龙骨 （U 型）	主龙骨 吊件	主龙骨连接件	T—23 吊件 T—异型	异型吊件	三个系列 通用件
TC60 系列			$L = 100$ $H = 60$	$A = 31$ $B = 70$	$A = 31$ $B = 75$	T—23
TC50 系列			$L = 100$ $H = 50$	$A = 16$ $B = 60$	$A = 16$ $B = 65$	T—23 横撑
TC38 系列			$L = 82$ $H = 39$	$A = 13$ $B = 48$	$A = 131$ $B = 55$	T—异型龙骨 T—边骨

9.2　金属装饰天花板

金属（铝质）装饰天花板是由铝合金薄板经冲压成形，制成各种形状和规格的顶棚装饰材料。铝质天花板是一种轻质高强、色泽明快、造型美观、安装简便、耐火防潮、应用广泛的顶棚装饰材料，不仅可用于公共建筑，而且已更广泛地应用于民用建筑的居室装修。装饰性铝板尺寸允许偏差见表 9-5。

表 9-5　装饰性铝板尺寸允许偏差

项　　目	尺寸范围	允许偏差
长度、宽度/mm	≤2000	±1.0
	>2000	±1.5

（续）

项　　目	尺 寸 范 围	允 许 偏 差
折边高度/mm	—	±0.5
对角线差/mm	铝单板长度≤2000	±2.0
	铝单板长度>2000	±3.0
折边角度（°）	—	≤1
板面平直度/（mm/m）	—	≤1.5

9.2.1　方形铝板天花

1. 品种

方形铝板天花主要有 600mm×600mm、500mm×500mm、400mm×400mm、300mm×300mm 等四个系列规格。每个系列均有平面方板与冲孔方板，表面可采用喷涂纯聚酯粉末、PVC 膜与复涂彩色涂料、辊涂树脂涂料等。板面颜色有乳白色、白色、天蓝色等，铝板厚度为 0.5~1.0mm，广泛用于写字楼、办公楼、商场、会堂、车站、机场等。

2. 特征

1）隔声、吸声效果好，坚固耐用，防火、防水、防潮。

2）构图精美，板面美观，装饰性强。

3）安装简单，可锯可剪，检修方便。

9.2.2　条形铝扣板天花

1. 品种

条形铝扣板天花宽度规格主要有 75mm、100mm、150mm、200mm、300mm 等，长度为 6m，表面有平板和孔板两种，主要用于走道、厨房、卫生间等。

2. 特征

1）坚固耐用，防火、防水、防潮。

2）连接紧密，拼装随意，无缝隙。

3）安装简单，施工和检修方便。

9.2.3　铝格栅天花

1. 品种

铝格栅天花常用规格有 75mm×75mm、100mm×100mm、125mm×125mm、150mm×150mm、200mm×200mm 等，高度为 38mm、45mm、50mm、60mm、80mm 等，厚度为 0.4~0.8mm，主要用于超市、商场、展厅、歌舞厅等。

2. 特征

1）结构坚固，实用，防火。

2）构造简单，安装方便，立体感强，可与其他方板或条板组合。

9.3 装饰不锈钢

9.3.1 建筑装饰用不锈钢制品

1. 特征

不锈钢制品耐腐蚀，经不同的表面加工，形成不同的光泽度和反射性。高级抛光不锈钢表面光泽度具有与玻璃相同的反射能力。

2. 用途

不锈钢制品可用于屋面、幕墙、门、窗、内外墙饰面、栏杆扶手、壁画、装饰画边框、护栏、不锈钢柱等。

9.3.2 彩色钢板

在不锈钢板上进行技术性和艺术性加工，可制成表面呈现各种绚丽彩色的不锈钢装饰板，有蓝、灰、红、黄、绿、金黄、橙、茶等色。

1. 特性

抗腐蚀性强，强度较高，不易褪色，色泽随光照角度变化而变换。彩色面耐 200℃ 温度，耐盐和耐腐蚀性能优于一般不锈钢，耐磨、耐划性能好。当板弯曲 90°时，彩色层不损坏。

2. 用途

不锈钢装饰板用于墙板、顶棚、电梯箱板、车箱板、建筑装潢、招牌等。

9.3.3 彩色涂层钢板

彩色涂层钢板的涂层分有机涂层、无机涂层和复合涂层三种。

1. 特性

彩色涂层钢板具有良好的耐污性、耐热性和耐沸水性能。

2. 用途

彩色涂层钢板用于外墙板、屋面板、护墙板、瓦楞板，大型车间的壁板、屋顶，建筑门、窗、框等。

9.3.4 彩色压型钢板（彩色涂层压型钢板）

彩色压型钢板是以镀锌钢板为基材，经成形机轧制，并涂敷各种涂层与彩色烤漆，制成纵断面呈 "V" 或 "U" 形及其他类型的轻型围护结构材料。

1. 特性

彩色压型钢板涂层色彩丰富，有良好的防腐性和较低的水蒸气渗透力，且具有自重轻、抗震好、耐久性强、易施工等优点。

2. 用途

彩色压型钢板用于屋盖、墙板、墙壁装饰等。

9.3.5　搪瓷装饰板

搪瓷装饰板是以钢板、铸铁为基底材料，表面涂覆一层无机物，经高温烧制后，形成一层具有装饰效果的搪瓷表面层。

1. 特性

搪瓷装饰板不生锈，耐酸、碱，防火，受热不易氧化，可以贴花、丝网印花和喷花，装饰效果好，耐磨性较高，重量轻，刚度好。

2. 用途

搪瓷装饰板用于内、外墙面装饰，小幅面装饰制品。

9.3.6　不锈钢管

不锈钢管表面光亮、硬度高、不生锈、不变色、不变形，有普通管和花纹管两种，可用于扶手、栏杆、帘轨道、标牌边框、旗杆等装饰物。

9.4　铝塑板

铝塑板是以塑料为芯层，外贴铝板的三层复合材料，并在表面施加装饰性或保护性涂层。铝塑板主要适用于建筑物室内外墙面、柱面、雨篷、门面、家具及隔断等装饰，具有质轻、隔声、隔热，难燃，耐磨损，耐光照，不褪色，装饰效果好的特点，是目前常用的一种新型饰面材料。铝塑板中间层为塑料，上下两面为铝板。

9.4.1　品种及规格

1）按产品用途分为外墙铝塑板和内墙铝塑板。

2）按表面涂层材质分为氟碳树脂型、聚酯树脂型、丙烯酸树脂型。

3）规格尺寸：2440mm×1220mm，厚度为3mm、4mm。

9.4.2　质量要求

1）质量等级分为优等和合格两种。

2）内墙板厚度不小于3mm，其中铝板厚度不小于0.2mm；外墙板厚度不小于4mm，其中铝板厚度不小于0.5mm，涂层应采用70%的氟碳树脂。

9.5　建筑钢材

钢是由生铁冶炼而成的，即将熔融的生铁进行高温氧化，使含碳量降低到预定范围（小于2%含碳量的为钢，大于2%含碳量的为生铁）。钢经轧制或加工成各种型材，如钢板、角钢、槽钢、工字钢、钢管、钢筋、钢丝等，通称为钢材。钢材是重要的建筑材料，也是建筑装饰装修工程常用的材料。

9.5.1 钢材特点

1）强度高。建筑钢材的抗拉、抗压、抗弯及抗剪强度都很高，可广泛应用于建筑中的各种构件和零部件。在钢筋混凝土中，能弥补混凝土抗拉、抗弯、抗剪和抗裂性能较低的缺点。

2）塑性好。在常温下钢材能接受较大的塑性变形。钢材能接受冷弯、冷拉、冷拔、冷轧、冷冲压等各种冷加工。冷加工能改变钢材的断面尺寸和形状，并改变钢材的性能。

3）品质均匀，性能可靠。由于钢材品质均匀，性能可靠，因此钢材的利用效率比其他非金属材料高。

4）韧性好。钢材能经受冲击作用，可焊接或铆接，便于装配；能进行切削、热轧和锻造；通过热处理方法，可在相当大的程度上改变或控制钢材的性能。

建筑钢材的主要缺点是易锈蚀，使用时需加以保护。

9.5.2 钢材品种

1. 钢筋

常用钢筋的品种很多，我国建筑业在钢筋混凝土结构中常用的是热轧碳素结构钢和低合金结构钢。按直径分，凡直径在6~40mm范围内者，称为钢筋；直径在2.5~5mm范围内者为钢丝；2.5mm以下者不能作配筋材料使用。按外形分，钢筋有光面圆钢筋和带肋钢筋，带肋钢筋又有月牙肋和等高肋之分（图9-1）。按加工过程分，有热轧钢筋、冷拉钢筋、冷拔钢筋、碳素钢丝、刻痕钢丝和钢绞线等。热轧钢筋是指用加热钢坯轧成的条形钢筋，主要用于钢筋混凝土和预应力混凝土结构的配筋。冷拉钢筋是指用热轧钢筋在常温下经过冷拉，可达到除锈、调直、提高强度和节约钢材的目的。冷拔钢筋是指将钢筋从孔径较钢筋直径略小的拔筋模中拔出，使钢丝断面缩小，长度伸长，强度提高。

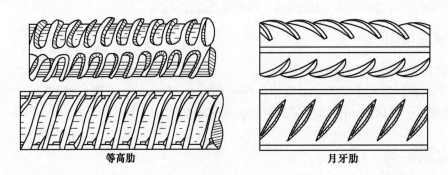

等高肋　　　　　　　　　　月牙肋

图9-1　带肋钢筋示意图

2. 型钢

车间、仓库等建筑物的主要承重结构常用各种规格的型钢（如角钢、槽钢、工字钢等）组成各种形式的钢结构。钢门窗框是小型型钢的一种形式。近年来，薄壁型钢有很大发展，这种型钢重量轻，用钢少，适于做轻型钢结构的承重构件以及在建筑构造上使用。

3. 钢板

钢板有厚板、中板和薄板之分。厚板应用不多，建筑上多用中板，与各种型钢组成钢结构。花纹钢板具有防滑作用，常用作工业建筑中的工作平台板和楼梯踏步板。镀锌薄板俗称白铁皮，用于制作水落管，压制成波形后，即成瓦楞铁皮，可用作不保温房屋的屋面或围护。

薄钢板上施以瓷质釉料，烧制后即成搪瓷。在建筑中，搪瓷可代替陶瓷制品，用作浴缸、洗面器、洗涤槽、水箱等，有时也可代替陶瓷墙面砖，作为覆面及装饰材料。

薄钢板上敷以塑料薄层，即成涂塑钢板。涂塑钢板有良好的防锈、防水、耐腐蚀和装饰性能，可用作屋面板、墙板、排气及通风管道等。中夹保温层的复合涂塑钢板，是一种新型的轻质墙体材料，可用于组装活动房屋，或作为轻型钢结构房屋的围护材料。

4. 钢管

钢管有焊接钢管、无缝钢管等品种。焊接钢管有镀锌的或不镀锌的，用作室内水管、工业建筑中的辅助构件等。无缝钢管主要用作工业建筑设备的压力管道。

9.5.3　钢材选用

各种钢材的品种和规格选用，必须根据使用要求，作出具体的合理选择。

实际使用的钢材质量必须符合设计要求和国家有关规定或标准。结构用钢材应有出厂证明和质保单，并按规定做力学性能试验。

9.5.4　钢材防锈

钢材表面在一定的外部化学和电化学作用下会造成锈蚀。锈蚀是钢铁材料的一大缺点，为此必须加强保护，以延长材料的使用年限，使建筑物、构件和设备能长期正常地工作。

防锈的方法很多，常用表面覆盖法，如油漆覆盖、金属覆盖（镀锌、镀锡等）、塑料覆盖等。油漆覆盖是最常用的钢铁防锈方法，但漆膜易老化变质，日久会失去保护作用，需要经常刷新。

低合金钢由于本身成分上的原因，防锈性能优于碳素结构钢。混凝土中的钢筋，由于处在碱性介质中，如混凝土密实度良好，施工质量合格，有足够厚度的保护层，就不会引起钢筋的锈蚀。

9.6　金属制品的应用

9.6.1　金属制品的应用方式

1. 铝合金隔断制作

铝合金隔断是指用铝合金型材组成的框架形式，一般用玻璃装配而成。铝合金隔断的施工方式如下：

1）先弹出地面位置线，再吊垂线弹出墙面位置线和高度线，然后标出竖向型材的间隔位置和固定点位置。

2）计算出用料的规格和尺寸，在相应的型材上划线、裁切。裁切时，应注意端头尺寸准确，切口平直。铝合金隔断所用的型材通常为矩形的长方管，规格为76mm×45mm或100mm×45mm。竖向型材与横向型材一般采用同一规格。

3）铝合金隔断相互间的连接主要用厚角铝。厚角铝的厚度为3mm，长度应截成型材的内径长，以铝角件正好装入型材的内腔为准。铝角件与型材的固定，通常用自攻螺钉（M4×20或M5×20）。需要注意的是自攻螺钉应安装在较隐蔽处，如对接处在1.5m以下，自攻螺钉应钉在型材的下方；如对接处在1.8m以上，自攻螺钉应钉在型材的上方，只是在固定铝角件时需将弯角的方向变一下即可。

4）铝合金框架与墙面用螺钉固定时，若墙面上有木砖，可用φ8的螺钉将铝合金拧在木砖上；若墙面上没有木砖，可用φ8的钻头在铝合金框上打孔，直接钻到墙上。钻头进入墙内的深度以25～30mm为宜。退出钻头后，将φ8的塑料膨胀管埋入墙内，然后用螺钉把铝合金框架固定即可。使用膨胀管时，应考虑钻孔深度较膨胀管长10～12mm，以膨胀管端口进入抹灰层1cm为宜，平头螺钉长度等于膨胀管长度加1cm再加铝框的厚度。

5）框架在墙上固定后，需在安装玻璃处划铅笔线。铅笔线应划在铝框中心线上，在其一侧3mm（玻璃的一半厚度）处安装铝合金压条，用自攻螺钉固定。

6）在外侧铝合金压条固定好以后，将裁好的玻璃安上，再在内侧按同样方法紧靠玻璃装上铝合金压条，然后拧紧螺钉即可。

2. 轻钢龙骨隔墙安装

轻钢龙骨与纸面石膏板组成的轻质隔墙是装饰装修工程常用的主要材料。轻钢龙骨隔墙的安装方式如下：

1）根据施工图确定隔墙的位置、宽度及安置门窗的位置，并按图示尺寸对轻钢龙骨进行划线、配料、裁切。

2）一般用沿地、沿顶龙骨与沿墙、沿柱龙骨构成隔墙边框，中间立若干竖向龙骨（主要承重龙骨）。有些承重较大的墙体还要加通贯横撑龙骨和加强龙骨，然后按固定点的间隔在隔断墙沿地、沿顶中心线上打孔，孔的间隔为50～100cm，孔位与竖向龙骨错开，再用膨胀螺栓固定。为增加隔墙牢度，也可在地面上做一条混凝土地垅，地垅宽等于隔断墙厚度，高约10cm，并在地垅内预埋连接件。

3）按照施工图进行骨架的分格设置，一般只设竖向龙骨，只有在门框和窗框处用沿地龙骨作为横撑支杆来组成框架。在沿地和沿顶龙骨槽之间装入竖向龙骨，竖向龙骨的间距应根据石膏板宽度而定，一般在石膏板板缝和板中各设置一根，间距不大于60cm。如贴瓷砖，则龙骨间距以不大于42cm为宜。龙骨接点可用点焊或用平头自攻螺钉固定。

4）门框架与轻钢龙骨门洞两侧的竖向龙骨用长螺栓相连接，门框的地脚处应埋入地面或者加铁件与地面固定。

5）隔断窗应用1.5cm厚木夹板，用平头自攻螺钉固定在四边的龙骨上，然后用夹板条或木线条压边。

6）安装纸面石膏板。接缝、饰面的施工顺序为：基层处理→接缝处理→涂刷防潮剂→满刮腻子两道→打磨平整→刷乳胶漆或贴墙纸等。轻钢龙骨隔墙示意图如图9-2所示。

3. 轻钢龙骨吊顶安装

1）放线。放线包括标高线、顶棚造型位置线、吊挂点布局线、灯具位置线。标高线标在墙面上，其他线弹在楼板底面。

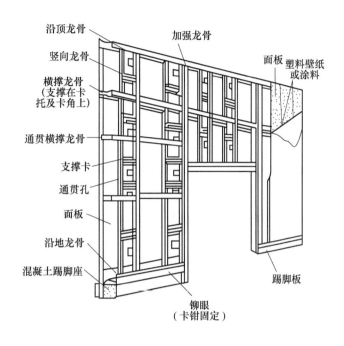

图 9-2　轻钢龙骨隔墙示意图

2）确定吊点位置。平面吊顶的吊点，一般按每平方米布置 1 个吊点；叠级造型的吊顶应在叠级交界处布置吊点，两吊点间距 0.8～1.2m。若吊顶需吊挂较大灯具或其他较重的电器，应单独安排吊点吊挂。如果吊顶要上人的，则吊点要加密加固。

3）安装主龙骨，并用吊杆（吊杆间距不大于 1.2m）将各条主龙骨吊起到预定高度并进行水平校正。

4）用连接件把次龙骨安装在主龙骨上，并进行固定，次龙骨的安装按施工图规定。通常两条次龙骨中心线的间距不能大于 60cm。轻钢龙骨吊顶常采用纸面石膏板作为饰面。当板宽为 90cm 时，板中设置一道小龙骨，当板宽为 1.2m 时，需设置两道小龙骨。轻钢龙骨的横撑间距一般不超过 1.5m，在石膏板端头和拼缝处也应设置横撑。

5）安装面板。常用材料品种为纸面石膏板、装饰石膏板或矿棉板。轻钢龙骨吊顶安装示意图如图 9-3 所示。

4. 铝合金 T 形龙骨吊顶安装

1）弹线。根据设计要求沿四周墙面弹出吊顶标高线。

2）钉铝角条。用水泥钉将铝角条固定在四周墙面吊顶水平线位置上，钉子间距以 50～60cm 为宜。

3）钻孔拉吊杆。做法均与安装轻钢龙骨相同。

4）安装铝合金龙骨。先将主龙骨吊起在稍高于标高线的位置上临时固定，如果吊顶面积较大可分成几个部分吊装，然后在主龙骨下面安装次龙骨（即横撑龙骨）成纵横布设。次龙骨尺寸应用规尺截取，在安装时应用规尺来测量龙骨间的距离，主龙骨与次龙骨（横撑龙骨）连接，通常是用开槽方式卡接起来，这种龙骨在出厂时都已开好槽子及插销。

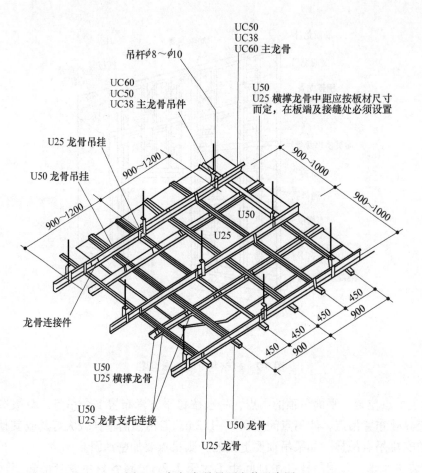

图9-3 轻钢龙骨吊顶安装示意图

5）拉通线。用尼龙线在房间四周拉十字中心线观察吊顶的平直度，如有不平，应逐条调整龙骨的高低位置直到平直为止。如果房间跨度较大，如7~10m跨度者一般应按水平线起拱3cm。

6）铺板。按顺序将饰面板搁置在铝合金倒T形龙骨上。铝合金T形龙骨吊顶安装示意图如图9-4所示。

5. 粘贴铝塑板

1）基层处理。粘贴铝塑板要求基层平整、干燥、无油污。如基层是木板，则要求满批油腻子并把板缝嵌实，然后用砂纸打磨平整。如基层为水泥墙面，则应先做木龙骨，并钉上木制人造板作为底衬。

2）弹线。按设计要求弹出分格线。

3）裁切。用刻刀按分格尺寸将铝塑复合板裁切好，做到四边垂直、方正、无毛边。如要折角，可以在背面开槽。使用木工开槽刨时，要掌握开槽的深浅和保持均匀，一般需刨出厚2.7mm，宽8mm的沟槽（目前已有专用开槽机）。操作时注意不能划伤正面的铝板。开槽后，将铝塑板预弯曲至所需角度，注意弯曲时不可多次重复。如用于外包圆柱，则应将铝塑板背面的铝片以4~8cm间距切割至铝片深度，并把铝片逐条撕下，这样铝塑板即自动徐

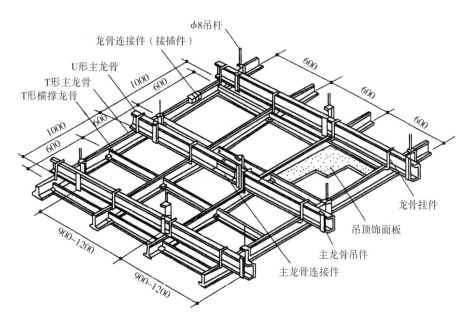

图 9-4 铝合金 T 形龙骨吊顶安装示意图

徐弯曲成弧面。

4）粘贴。将胶粘剂（一般采用 402 胶，也有用立时德强力胶）在铝塑板背面及被粘基层均匀涂刷一遍，待胶液指触有拉丝现象时，即可将铝塑板紧贴上去，并用橡皮锤轻轻敲击板面，均匀用力将板面贴实。

5）撕保护膜。铝塑板外表面有一层保护膜，是用来保护面层不受损伤的。在安装完之后，应将保护膜撕掉，如有胶迹可用软布蘸中性清洁剂轻轻擦拭，不能使用强溶剂或酸碱清洁剂擦涂，以免损伤铝塑板的表面。

6）勾缝。事先将铝塑板四边刨成 45°角，块与块拼贴起来后就形成 V 字缝。再用黑色硅酮胶填嵌勾缝，待干后再撕去保护膜。

6. 确定吊顶标高线的方法

确定标高线在吊顶施工中很重要。在没有水平仪的情况下可以采用"水注法"的简便方法来定出标高线。其方法如下：

1）先定出地面的地平基准线（原地面加上饰面层），将定出的地平基准点用墨线弹在墙边上，然后在墙面上量出顶棚吊顶的高度（根据图样尺寸），在该高度点上做出明显的记号。

2）用一条较长的透明塑料软管，在软管内灌满水后，将一端头水平面对准墙面上所标出的吊顶高度记号，再叫另一个人将软管的另一端头的水平面在同侧墙面找出另一点吊顶高度，当软管内水平面静止时，画出该点的水平面位置，然后将标出的两点连接起来，即得到吊顶高度的水平线。

3）用同样方法，在其他墙面、柱子上做出高度水平线，这样，吊顶的水平高度就全部确定了。

9.6.2 金属制品的应用要点

1. 吊顶龙骨安装要点

1）应根据吊顶的设计标高在四周墙上弹线，弹线应清晰、位置应准确。

2）主龙骨吊点间距、起拱高度应符合设计要求。当设计无要求时，吊点间距应小于1.2m，按房间短向跨度的1%~3%起拱。主龙骨安装后应及时校正其位置标高。

3）吊杆应通直，距主龙骨端部距离不得超过300mm。当吊杆与设备相遇时，应调整吊点构造或增设吊杆。

4）次龙骨应紧贴主龙骨安装。固定板材的次龙骨间距不得大于600mm，在潮湿地区和场所，间距宜为300~400mm。用沉头自攻螺钉安装饰面板时，接缝处次龙骨宽度不得小于40mm。

5）暗龙骨系列横撑龙骨应用连接件将其两端连接在通长次龙骨上。明龙骨系列的横撑龙骨与通长龙骨搭接处的间隙不得大于1mm。

6）边龙骨应按设计要求弹线，固定在四周墙上。

7）全面校正主、次龙骨的位置及平整度，连接件应错位安装。

2. 隔墙龙骨安装要点

1）墙位放线应按设计要求，沿地、墙、顶弹出隔墙的中心线和宽度线，宽度线应与隔墙厚度一致，弹线应清晰，位置应准确。

2）应按弹线位置固定沿地、沿顶龙骨及边框龙骨，龙骨的边线应与弹线重合。龙骨的端部应安装牢固，龙骨与基体的固定点间距应不大于1m。

3）安装竖向龙骨应垂直，龙骨间距应符合设计要求。潮湿房间和钢板网抹灰墙，龙骨间距不宜大于400mm。

4）安装支撑龙骨时，应先将支撑卡安装在竖向龙骨的开口方向，卡距宜为400~600mm，距龙骨两端的距离宜为20~25mm。

5）安装贯通系列龙骨时，低于3m的隔墙安装一道，3~5m隔墙安装两道。

6）饰面板横向接缝处不在沿地、沿顶龙骨上时，应加横撑龙骨固定。

7）门窗或特殊接点处安装附加龙骨应符合设计要求。

9.6.3 金属制品应用质量标准

1. 吊顶轻钢龙骨

（1）基本要求

1）固定吊顶的预埋件、钢筋吊杆应进行防锈处理。

2）吊杆、龙骨表面应作防腐处理，其材质、规格、安装间距和连接方式应符合设计要求，安装牢固。

3）暗龙骨的接缝应均匀一致，角缝应吻合，表面应平整，无翘曲、锤印。

4）明龙骨的接缝应平整、吻合、颜色一致，不得有划伤、擦伤等表面缺陷。

（2）质量要求和检验方法　吊顶龙骨的安装质量和表面外观质量应符合上述基本要求，检验方法用目测及手感检查。

2. 隔墙轻钢龙骨

（1）基本要求

1）龙骨的品种、规格、安装间距和连接方式应符合设计要求。

2）边框龙骨与基体结构连接必须牢固，并应平整、垂直、位置正。

（2）质量要求和检验方法　隔墙龙骨的安装质量和表面外观质量应符合上述基本要求的内容，检验方法用目测、手扳、尺量检查。

3. 金属面板

（1）基本要求

1）金属面板的品种、规格、颜色和性能应符合设计要求。

2）板面应平整、洁净、色泽一致，无痕迹和缺损，不得有裂缝、翘曲和缺损。

3）板间嵌缝应密实、平直，宽度和深度应符合设计要求，嵌填材料应色泽一致，板上的孔洞应套割吻合，边缘应整齐。

（2）质量标准　金属面板的安装质量和表面外观质量应符合上述有关基本要求的内容，检验方法用目测法和手感检查法。金属面板安装的允许偏差和检验方法见表9-6。

表 9-6　金属面板安装的允许偏差和检验方法

项　次	项　目	允许偏差/mm	检验方法
1	立面垂直度	2	用2m垂直检测尺检查
2	表面平整度	3	用2m靠尺和塞尺检查
3	阴阳角方正	3	用直角检测尺检查
4	接缝直线度	1	拉5m线，不足5m拉通线，用钢直尺检查
5	墙裙、勒脚上口直线度	2	拉5m线，不足5m拉通线，用钢直尺检查
6	接缝高低差	1	用钢直尺和塞尺检查
7	接缝宽度	1	用钢直尺检查

4. 金属幕墙

（1）基本要求

1）金属幕墙的品种、规格、颜色、光泽及安装方向、立面分格应符合设计要求。

2）板面应平整、洁净、色泽一致。

3）压条应平直、洁净，接口严密，安装牢固。

4）密封胶缝应横平竖直、深浅一致、宽窄均匀、光滑顺直。

5）滴水线和流水坡向应正确、顺直。

（2）质量标准　金属幕墙的安装和表面质量应符合上述有关基本要求的内容。每平方米金属幕墙的表面质量和检验方法见表9-7。金属幕墙的允许偏差和检验方法见表9-8。

表 9-7　每平方米金属幕墙的表面质量和检验方法

项　次	项　目	质量要求	检验方法
1	明显划伤和长度>100mm的轻微划伤	不允许	观察
2	长度≤100mm的轻微划伤	≤8条	用钢尺检查
3	擦伤总面积	≤500 mm²	用钢尺检查

表9-8 金属幕墙的允许偏差和检验方法

项 次	项 目		允许偏差/mm	检 验 方 法
1	幕墙 垂直度	幕墙高度≤30m	10	用经纬仪检查
		30m<幕墙高度≤60m	15	
		60m<幕墙高度≤90m	20	
		幕墙高度>90m	25	
2	幕墙 水平度	层高≤3m	3	用水平仪检查
		层高>3m	5	
3	幕墙表面平整度		2	用2m靠尺和塞尺检查
4	板材立面垂直度		3	用垂直检测尺检查
5	板材上沿水平度		2	用1m水平尺和钢直尺检查
6	相邻板材板角错位		1	用钢直尺检查
7	阳角方正		2	用直角检测尺检查
8	接缝直线度		3	拉5m线,不足5m拉通线,用钢直尺检查
9	接缝高低差		1	用钢直尺和塞尺检查
10	接缝宽度		1	用钢直尺检查

小　　结

1. 金属龙骨包括轻钢龙骨、烤漆龙骨、铝合金龙骨等。

2. 金属装饰天花板包括方形铝板天花、条形铝扣板天花、铝格栅天花等。

3. 装饰不锈钢包括建筑装饰用不锈钢制品、彩色钢板、彩色涂层钢板、彩色压型钢板、搪瓷装饰板、不锈钢管等。

4. 铝塑板按用途分为外墙铝塑板和内墙铝塑板。

5. 建筑钢材具有强度高,塑性好,品质均匀,性能可靠,韧性好的特点,其品种主要包括钢筋、型钢、钢板和钢管。

6. 金属制品的应用方式包括铝合金隔断制作、轻钢龙骨隔墙安装、轻钢龙骨吊顶安装、铝合金T形龙骨吊顶安装、粘贴铝塑板、确定吊顶标高线的方法等。

7. 金属制品的应用要点包括吊顶龙骨和隔墙龙骨。

8. 吊顶龙骨和金属面板的安装质量和表面外观质量应符合基本要求的内容,检验方法用目测法和手感检查法;隔墙龙骨的安装质量和表面外观质量应符合基本要求的内容,检验采用目测、手扳和尺量检查法。

思　考　题

9-1 轻钢龙骨有什么品种?它们的特点是什么?

9-2 金属天花板主要应用在什么地方?

9-3 铝塑板是用什么材料制成的?

9-4 怎样安装轻钢龙骨隔墙?

实训练习题

9-1 画出隔墙和吊顶轻钢龙骨材料的形状。

9-2 现场观察安装吊顶轻钢龙骨架的过程,并列出安装程序。

第 10 章 石膏制品与应用

学习目标： 通过本章内容的学习，了解石膏制品的特性和构造，熟悉石膏制品的品种类型，掌握石膏制品的应用方式和质量标准，提高对石膏制品在建筑装饰装修中的设计应用能力。

石膏是一种白色粉末状的气硬性无机胶凝材料，具有孔隙率大（轻）、保温隔热、吸声防火、容易加工、装饰性好的特点，故在建筑装饰装修工程中广泛使用。

石膏的水化、凝结、硬化速度非常快，在常温下，达到完全水化的时间为 5～15min。石膏水化速度越快，则浆体凝结、硬化也越快。在实际应用时，为了施工操作的需要，往往需要掺加缓凝剂，如硼砂、亚硫酸盐酒精废液、动物胶等。调制石膏浆时，应将石膏粉均匀地倾倒于水中，以便调和均匀。

10.1 石膏板

石膏板是以建筑石膏为主要原料而制成的，具有轻质、绝热、不燃、防火、防震、加工方便、调节室内湿度等特点。为了增强石膏板的抗弯强度，减小脆性，往往在制作时掺加轻质填充料，如锯末、膨胀珍珠岩、膨胀蛭石、陶粒等。在石膏中掺加适量水泥、粉煤灰、粒化高炉矿渣粉，或在石膏板表面粘贴板、塑料壁纸、铝箔等，能提高石膏板的耐水性。若用聚乙烯树脂包覆石膏板，不仅能用于室内，也能用于室外。调节石膏板厚度、孔眼大小、孔距等，能制成吸声性能良好的石膏吸声板。

以轻钢龙骨为骨架，石膏板为饰面材料的轻钢龙骨石膏板构造体系是目前我国建筑室内轻质隔墙和吊顶制作的最常用做法。其特点是自重轻，占地面积小，增加了房间的有效使用面积，施工作业不受气候条件影响，安装简便。

10.1.1 纸面石膏板

纸面石膏板以建筑石膏为主要原料，掺加少量外加材料，如填充料、发泡剂、缓凝剂等，加水搅拌、浇注、辊压，以石膏作芯材，两面用纸作护面。纸面石膏板的生产工艺简单，生产效率高，主要用于内墙、隔墙、天花板等处。

1. 品种

纸面石膏板包括普通纸面石膏板、纸面石膏装饰吸声板、耐火纸面石膏板以及耐水纸面石膏板等。

2. 规格及性能

纸面石膏板的规格、性能及用途见表10-1。

表 10-1　纸面石膏板的规格、性能及用途

品　　名	规格 /$\left(\dfrac{长}{mm}\times\dfrac{宽}{mm}\times\dfrac{厚}{mm}\right)$	技 术 性 能	主 要 用 途
普通纸面石膏板	(2400~3300) × (900~1200) × (9~18)	耐水极限：5~10mm 含水率：<2% 热导率/［W/(m·K)］： 0.167~0.180	主要用于墙面和顶棚的基面板

3. 特点

纸面石膏板具有质轻、抗弯强度高、防火、隔热、隔声、抗震性能好、收缩率小、可调节室内温度等优点，特别是将纸面石膏板配以金属龙骨用作吊顶或隔墙时，与采用胶合板相比，能较好地解决防火问题。

4. 用途

普通纸面石膏板及耐火纸面石膏板具有质轻、防火、可调节室内温度等优点，但抗压强度低，不能用于承重结构，所以一般仅用作吊顶的基层，并需要进行饰面处理；纸面石膏装饰吸声板可用作装饰面层。纸面石膏板主要适用于住宅、办公楼、旅馆、影剧院、宾馆、商店、车站等建筑的室内吊顶及墙面装饰。但在厨房、厕所、浴室以及空气相对湿度经常大于70%的潮湿环境中使用时，必须采取相应的防潮措施。

10.1.2　装饰石膏板

装饰石膏板是以建筑石膏（半水石膏）为主要原料，掺入适量的纤维增强材料和外加剂，与水一起搅拌成均匀的料浆，注入带有图案花纹的硬质模具内成型，再经过硬化干燥而成的无护面纸装饰材板。有的装饰石膏板在生产时，可在其板面粘贴一层聚氯乙烯（PVC）装饰面层，以一次完成装饰工序。当用作吊顶板材考虑兼有吸声效果时，则可将板穿以圆形或方形的不通孔或全部穿孔，通常将孔呈一定图案进行布置，以增加板材的装饰效果。

1. 品种

根据装饰石膏板的功能不同，可分为高效防水石膏吸声装饰板、普通石膏吸声装饰板、石膏吸声板等。

2. 性能

装饰石膏板的主要技术性能有密度、断裂荷载、挠度、软化系数、热导率、防水性能、吸声系数和频率等。

3. 形状及规格

装饰石膏板产品主要形状为正方形，其棱边的形状有直角形和45°倒角形两种。

4. 特点

装饰石膏板质地非常细腻，颜色洁白无瑕，图案花纹多样，浮雕造型优美，立体感极强，用于室内装饰，显得素雅大方，给人以赏心悦目之感。

常用固定式复面石膏板品种及规格见表10-2。常用嵌装式复面石膏板品种及规格见表10-3。

表 10-2　常用固定式复面石膏板品种及规格

名　称	规　格／mm			自重／（kN/m³）
	长	宽	厚	
装饰石膏板	500	500	9	
装饰石膏板	600	600	9	
装饰石膏板	625	625	12	
石膏吸声装饰板	600	600	11	7.5～10
石膏吸声装饰板	500	500	9	
纸面石膏板	1800	900	9	
纸面石膏板	1400	900	9	

表 10-3　常用嵌装式复面石膏板品种及规格

名　称	规　格/mm		
	长	宽	厚
嵌装式装饰石膏板	500	500	10
嵌装式装饰石膏板	600	600	10
嵌装式装饰石膏板	625	625	12
复合石膏吸声板	600	600	10
嵌装式吸声板	500	500	10
嵌装式吸声板	600	600	10
嵌装式装饰板	500	500	10
嵌装式装饰板	600	600	10

10.2　石膏浮雕制品

以石膏为基料加入玻璃纤维及添加剂，可加工成各种几何形状的（欧式）浮雕装饰制品（如角线、圆柱、方柱等），广泛用于室内空间的装饰。

浮雕是一种雕塑与绘画相结合的产品，它用压缩的办法来处理对象，靠透视等因素来表现室内的三维空间，使建筑室内的平面性具有立体感、体量感、起伏感。

石膏浮雕制品具有成本低、安装（锯、钉、刨、粘等）方便、防火、防潮、持久牢固、节约空间等特点。

10.3　矿棉板

矿物棉和玻璃棉是新型的装饰材料，具有轻质、吸声、防火、保温、隔热、美观大方、可钉可锯、施工简便等优良性能，装配化程度高，完全是干作业，是高级宾馆、办公室和公共场所比较理想的顶棚装饰材料。

矿棉装饰吸声板是以矿渣棉为主要材料，加入适量的粘结剂、防腐剂和防潮剂，经过配料、加压成形、烘干、切割、开榫、表面精加工和喷涂而制成的一种顶棚装饰材料。

矿棉吸声板的形状，主要有正方形和长方形两种，常用尺寸有：500mm × 500mm、600mm × 600mm 或 300mm × 600mm、600mm × 1200mm 等，其厚度为 9 ~ 20mm。矿物棉装饰吸声板表面有各种色彩，花纹图案繁多，有的表面加工成树皮纹理，有的则加工成小浮雕或满天星图案，具有各种装饰效果。

10.4　纸面石膏板接缝处理

在纸面石膏板表面涂装之前，对板间接缝必须认真地加以填嵌。过去，采用熟桐油加石膏粉调拌的腻子，或用胶水、石膏粉和羧甲基纤维素溶液调拌的腻子进行嵌缝，但是效果都不好，顶棚板间易出现裂缝。现在，一般用与纸面石膏板配套的腻子嵌缝。另外，由甲基纤维素、羧甲基纤维素钠、水和乙二醛配成的胶液 KF80-1 以及 KF80-2 粉剂，使用效果较好，各项性能均符合施工要求。嵌缝的操作程序如下：

1）清理接缝。板缝必须清扫干净。对于接缝处的石膏暴露部分，应作封闭处理：用 10% 的聚乙烯醇水溶液刷 1 ~ 2 遍，或用 50% 的胶水涂刷 1 ~ 2 遍，以免石膏过多吸收腻子中的水分。

2）刮腻子。用 KF80-1 胶液 1 份加入石膏粉 2 份（重量份）或 KF80-2（粉料）:水 = (1.5 ~ 1.7):1，充分搅拌均匀，用小刮刀把腻子嵌入板缝，必须填实、刮平，否则可能塌陷，并产生裂缝。

3）贴纸带。第一层腻子初凝后，再薄薄地刮上一层较稀的腻子［KF80-1:石膏粉 = 1:(1.5 ~ 1.7)］，厚约 1mm，宽 50mm，随即贴上接缝纸带，用劲刮平压实，赶出纸带下的气泡。

4）面层处理。用刮刀在纸带外刮上一层厚约 1mm、宽约 8 ~ 10cm 的腻子，使纸带埋入，以免带动翘起。最后，再涂上一层稀腻子，用大刮刀将顶面刮平即可。

石膏板隔墙需用腻子的数量，随隔板缝的深浅、宽窄和有无倒角等因素有差异。一般每 1m 板缝需用粉状腻子材料约 0.3 ~ 0.4kg。

还有一种接缝带叫玻璃纤维接缝带。使用这类接缝带可在第一层腻子嵌缝后，贴上玻纤接缝带，用刮刀在接缝带表面轻轻地加以挤压，使多余的腻子从接缝带网格空隙中挤出，加以刮平，再用嵌缝腻子将接缝带覆盖，并用腻子把纸面石膏板的楔形倒角填平，最后用大刮刀将板缝刮平。若有玻纤端头外露，则待腻子层完全干燥后用砂纸轻轻磨掉。

10.5　石膏制品的应用

10.5.1　暗龙骨石膏板安装

1. 固定材料

1）以轻钢龙骨、铝合金龙骨为骨架，采用钉固法安装时应使用沉头自攻螺钉固定。

2）以木龙骨为骨架，采用钉固法安装时应使用木螺钉固定。

2. 纸面石膏板安装

1）板材应在自由状态下进行安装，固定时应从板的中间向板的四周固定。

2）纸面石膏板螺钉与板边距离：纸包边宜为 10～15mm，切割边宜为 15～20mm。

3）板周边钉距宜为 150～170mm，板中钉距不得大于 200mm。

4）安装双层石膏板时，上下层板的接缝应错开，不得在同一根龙骨上接缝。

5）螺钉头宜略埋入板面，并不得使纸面破损。钉眼应做防锈处理并用腻子抹平。

6）石膏板的接缝应按设计要求进行板缝处理。

3. 石膏板安装

1）当采用钉固法安装时，螺钉与板边距离不得小于 15mm，螺钉间距宜为 150～170mm，均匀布置，并应与板面垂直，钉帽应进行防锈处理，并应用与板面颜色相同涂料涂饰或和石膏腻子抹平。

2）当采用粘接法安装时，胶粘剂应涂抹均匀，不得漏涂。

4. 矿棉板安装

1）房间内湿度过大时不宜安装。

2）安装前应预先排板，保证花样、图案的整体性。

3）安装时，吸声板上不得放置其他材料，防止板材受压变形。

10.5.2　明龙骨石膏板安装

1）饰面板安装应确保企口的相互咬接及图案花纹的吻合。

2）饰面板与龙骨嵌装时应防止相互挤压过紧或脱挂。

3）采用搁置法安装时应留有板材安装缝，每边缝隙不宜大于 1mm。

4）吸声板的安装如采用搁置法安装，应有定位措施。

10.5.3　石膏板隔墙安装

1）石膏板宜竖向铺设，长边接缝应安装在竖龙骨上。

2）龙骨两侧的石膏板及龙骨一侧双层板的接缝应错开，不得在同一根龙骨上接缝。

3）轻钢龙骨应用自攻螺钉固定，木龙骨应用木螺钉固定。沿石膏板周边钉间距不得大于 200mm，板中钉间距不得大于 300mm，螺钉与板边距离应为 10～15mm。

4）安装石膏板时应从板的中部向板的四边固定。钉头略埋入板内，但不得损坏纸面，钉眼应进行防锈处理。

5）石膏板的接缝应按设计要求进行板缝处理。石膏板与周围墙或柱应留有 3mm 的槽口，以便进行防裂处理。

10.5.4　石膏板应用质量标准

1. 石膏板吊顶

（1）基本要求

1）材料的品种、规格、质量、图案和颜色应符合设计要求，安装牢固。

2）暗龙骨石膏板缝应进行防裂处理。双层石膏板面层和基层的接缝应错开，并不得在同一根龙骨上接缝。

3）明龙骨石膏板表面应洁净、色泽一致，不得有翘曲、裂缝及缺损现象。

（2）质量要求和检验方法　吊顶石膏板安装质量和表面外观质量应符合上述基本要求，检验方法用目测及手感检查。

暗龙骨石膏板吊顶工程安装的允许偏差和检验方法见表10-4。

表10-4　暗龙骨石膏板吊顶工程安装的允许偏差和检验方法

项次	项　目	允许偏差/mm		检验方法
		矿棉板	纸面石膏板	
1	表面平整度	2	3	用2m靠尺和塞尺检查
2	接缝直线度	3	3	拉5m线，不足5m拉通线，用钢直尺检查
3	接缝高低差	1.5	1	用钢直尺和塞尺检查

明龙骨石膏板吊顶工程安装的允许偏差和检验方法见表10-5。

表10-5　明龙骨石膏板吊顶工程安装的允许偏差和检验方法

项次	项　目	允许偏差/mm		检验方法
		矿棉板	石膏板	
1	表面平整度	3	3	用2m靠尺和塞尺检查
2	接缝直线度	3	3	拉5m线，不足5m拉通线，用钢直尺检查
3	接缝高低差	2	1	用钢直尺和塞尺检查

2. 石膏板隔墙

（1）基本要求

1）材料的品种、规格、质量、性能等应符合设计要求，有隔声、隔热、阻燃、防潮等特殊要求的工程，材料应有满足相应性能等级的检测报告。

2）安装牢固，无脱层、翘曲、折裂及缺损现象。

（2）质量要求和检验方法　隔墙石膏板的安装质量和表面外观质量应符合上述基本要求，检验方法用目测及手感检查。

石膏板骨架隔墙安装的允许偏差和检验方法见表10-6。石膏板材隔墙安装的允许偏差和检验方法见表10-7。

表10-6　石膏板骨架隔墙安装的允许偏差和检验方法

项次	项　　目	允许偏差/mm	检　验　方　法
		纸面石膏板	
1	立面垂直度	3	用2m垂直检测尺检查
2	表面平整度	3	用2m靠尺和塞尺检查
3	阴阳角方正	3	用直角检测尺检查
4	接缝直线度	—	拉5m线，不足5m拉通线，用钢直尺检查
5	压条直线度	—	拉5m线，不足5m拉通线，用钢直尺检查
6	接缝高低差	1	用钢直尺和塞尺检查

表 10-7　石膏板材隔墙安装的允许偏差和检验方法

项次	项　目	允许偏差/mm	检 验 方 法
		石膏空心板	
1	立面垂直度	3	用 2m 垂直检测尺检查
2	表面平整度	3	用 2m 靠尺和塞尺检查
3	阴阳角方正	3	用直角检测尺检查
4	接缝高低差	2	用钢直尺和塞尺检查

小　结

1. 石膏板的主要品种包括纸面石膏板和装饰石膏板。
2. 纸面石膏板无缝处理方法的操作工艺为清理接缝、刮腻子、贴纸带、面层处理。
3. 石膏板吊顶的应用要点包括明龙骨石膏板安装和暗龙骨石膏板安装。
4. 吊顶石膏板、隔墙石膏板的安装质量和表面外观质量应符合基本要求，检验方法用目测和手感检查。

思　考　题

10-1　石膏板有什么品种？它们的主要用途是什么？
10-2　矿棉板的主要特征和应用范围是什么？
10-3　怎样安装纸面石膏板？

实训练习题

10-1　分别列出纸面石膏板和装饰石膏板的构造特征。
10-2　现场观察吊顶安装石膏板的过程，并列出安装程序。

第 11 章　装饰织物与应用

学习目标：通过本章内容的学习，了解装饰织物的类型，熟悉装饰织物的品种，掌握装饰织物的应用方式，提高对装饰织物在建筑装饰装修中的设计应用能力。

装饰织物在室内装饰装修中也起着重要的作用，尤其是在居住建筑中。科学合理地选用装饰织物，不仅使人们的工作和生活更舒适，而且还能使建筑室内空间造型更美观。

11.1　装饰织物的类型

1）贴墙类：墙纸、墙布（无纺、粘合、针刺、机织等工艺生产）。
2）铺地类：地毯（手工编织、机织、针刺、枪刺等工艺生产）。
3）窗帘类：窗帘、门帘、屏风、帐幔等。
4）床上用品类：床单、床罩、被单、被套、枕巾、枕套。
5）家具披覆类：沙发套、台布、沙发布。
6）餐厨用品类：餐巾、餐桌台布、茶几巾。
7）装饰艺术品类：挂毯、工艺壁画等。
8）浴室用品类：毛巾、浴帘、踏脚垫、浴巾。

11.2　装饰织物的品种

11.2.1　窗帘

窗帘在室内装饰品中占有重要的地位，是家庭与宾馆等的必备用品。窗帘的色彩、形状及风格都应与墙面、地毯、家具的颜色和花纹相协调统一。窗帘做法按使用效果分为单层、双层和三层。

1. 外窗帘

外窗帘一般指靠近玻璃的一层窗帘，其作用是防止阳光暴晒并起到一定的遮挡室外视线的作用，即室内看室外看得见，而室外看室内看不清。外窗帘选用的面料一般为薄型和半透明织物。

2. 中间窗帘

中间窗帘放在薄型和厚型窗帘之间，一般采用半透明织物，常选用花色纱线织物、提花织物、提花印花织物、仿麻及麻混纺织物、色织大提花织物等。

3. 里层窗帘

里层窗帘在美化室内环境方面起着重要作用。里层窗帘对窗帘质地和图案色彩要求较高，在窗帘深加工方面也比较讲究。里层窗帘要求不透明、有隔热、遮光、吸声等功能，选择以粗犷的中厚织物为主，所用原料有棉、麻及各种纤维混纺。窗帘形式如图 11-1 所示。

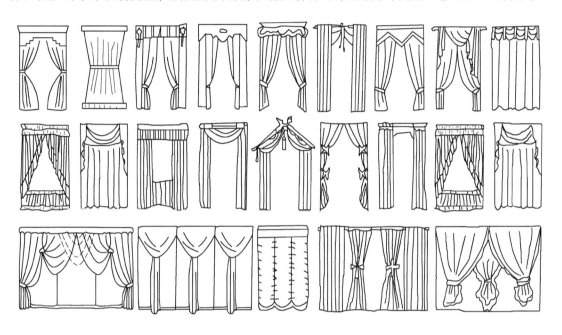

图 11-1　窗帘形式

11.2.2　地毯

地毯是一种古老的、世界性的高级地面装饰材料，广泛用于现代公共建筑和民用住宅。地毯以其独特的装饰功能和质感，使其具有较高的实用价值和欣赏价值，成为室内装饰的重要组成部分。地毯不仅具有隔热、保温、吸声及弹性好等优良性能，而且铺设后又可创造出别的装饰材料难以达到的高贵、华丽、美观、悦目的室内环境气氛，给人以温暖、舒适之感。

地毯有着悠久的发展历史，我国是世界上生产地毯最早的国家之一。中国地毯做工精细，图案配色优雅大方，具有独特的风格，有的明快活泼，有的古色古香，有的素雅清秀，令人赏心悦目，富有东方民族风格。"京"、"美"、"彩"、"素"四大类图案是我国高级羊毛地毯的主流和中坚，是中华民族文化的结晶，是我国劳动人民高超技艺的真实写照。世界上其他著名的地毯有波斯地毯、印度地毯、土耳其地毯等。

1. 按形状分类

（1）块状地毯　块状地毯多为方形和长方形地毯，也有异形地毯，如三角形、圆形、椭圆形地毯。地毯的厚度视质量等级有所不同。

1）方形地毯。方形地毯的尺寸规格较多，用户可根据房间面积的大小或铺装面积的尺寸来选定所购方形地毯的规格，方形地毯适宜铺装在经过装饰装修的地面上，覆盖部分应是室内经常使用的较宽敞的区域，家具下面和不常使用的地方不必铺装，以便经济有效地发挥方形地毯的使用价值。方形地毯构图精美，色调丰富，极富装饰品味，并且清洁方便，铺设灵活，可定期调换使用方位，使经常摩擦及受损的部位得到调整，延长使用寿命。

2）椭圆形和圆形地毯。椭圆形和圆形地毯与铺设面积较大而又色彩单一的地面或地毯配合使用。它铺设的位置常会见于客厅区域、单体沙发前、活动区域中央、床前踏脚等显著位置。这种地毯一般多采用纯毛材料织成，而且花式突出、复杂，极富观赏价值。

（2）卷材地毯　机织的化纤地毯通常加工成宽幅的成卷包装的地毯，其幅宽有1~4m等多种，每卷长度约为20~25m不等，图案呈连续性，以便铺设中图案衔接，适合于大空间、大面积的满铺，家庭居室也可使用，但缺点是局部出现损坏后不易更换。

2. 按制作工艺方式不同分类

（1）手工地毯　手工地毯是我国传统的手工工艺品之一，历史悠久，驰名中外。手工地毯图案优美、色彩鲜艳、质地厚实、经久耐用，用以铺地，触感柔软舒适，富丽堂皇，装饰效果好。

手工地毯是用中国特产的优质羊毛纺纱，用现代染料染出最牢固的颜色，用工艺技巧织成瑰丽的图案，用专用机械平整绒面，用特殊技术剪凹花地周围，用化学方法洗出丝光，用高超技艺的剪刀来勾勒形象，用传统手工修整地毯成品。

手工编织地毯是自上而下垒织栽绒打结而制成的，每垒织打结完一层称一道，通常以毯面上垒织的道数多少来表示地毯的栽绒密度。道数越多，栽绒密度越大，地毯质量越好，价格也越昂贵。地毯的档次与道数成正比关系，一般家用地毯为90~150道，高级装饰工程用地毯为200道以上，个别可达400道。手工编织纯毛地毯因采用人工织作，故售价高，一般用于国际性、国家级的宾馆、会堂、住宅等场所使用，是一种高档地面铺设装饰材料。

（2）纯毛机织地毯　纯毛机织地毯具有平整光泽、富有弹性、脚感柔软、经久耐用的特点。与化纤地毯相比，其回弹性、抗静电、抗老化、耐燃性都优于化纤地毯。与纯毛手工地毯相比，其性能相似，但价格远低于手工地毯。因此纯毛机织地毯是介于化纤地毯和纯毛手工地毯之间的中档地面覆盖材料。

纯毛机织地毯最适用于宾馆、饭店的客房、楼梯、楼道、宴会厅、酒吧间、会客室、会议室以及体育场所、家庭等满铺使用。这种地毯是阻燃性产品，可用于防火性能要求较高的地方。

近年来，我国还发展生产了纯羊毛无纺地毯，它不采用纺织或编织方法。无纺地毯是指无经纬编织的短毛地毯，它是将绒毛线用特殊的勾针扎刺在合成纤维网布底衬上，然后在其背面涂胶，粘牢而成，故又称针刺地毯、针扎地毯或粘和地毯。这种地毯因生产工艺简单，故成本低廉，但弹性和耐久性均较差。通过在毯底加缝或粘贴一层麻布底衬，或加贴一层海绵底衬可提高其强度和弹性。无纺生产方式不仅用于化纤地毯生产，也可用于羊毛地毯生产。

（3）化纤地毯　化纤地毯是以聚丙烯纤维（丙纶）、聚丙烯腈纤维（腈纶）、聚酯纤维（涤纶）、尼龙纤维（锦纶）等化学纤维为主要原料制成的。

化纤地毯按其织法不同可分为：簇绒地毯、针刺地毯、机织地毯、编织地毯、粘结地毯、静电植绒地毯等。化纤地毯是以化学合成纤维为原料加工成面层织物，与背衬材料胶合而成。按所用的化学纤维不同，分为丙纶化纤地毯、腈纶化纤地毯、锦纶化纤地毯、涤纶化纤地毯等。按编织方法还可分为簇绒化纤地毯、针扎化纤地毯、机织化纤地毯及印刷化纤地毯等。化纤地毯具有如下特点：

1）具有良好的装饰性。化纤地毯色彩绚丽，图案多样，质感丰富，立体感强，给人以温暖、舒适、宁静、柔和的感觉，装饰效果不亚于纯毛地毯。

2）能调节室内环境。化纤地毯由于具有较好的吸声性和绝热性，能保持室内环境的安静和温暖。

3）耐污及藏污性较好，对于尘土砂粒等固体污染物有很好的藏污性。

4）弹性较好。地毯面层纤维的弹性性能主要取决于纤维的高度、密度及性质。化纤地毯弹性较好，脚感舒适。

簇绒编织工艺是目前各国生产化纤地毯普遍采用的编织方式。它是把毛圈背面拉紧，并刷胶使之固定而成，这种地毯称为圈绒地毯。如果将毛圈顶部割开，经修剪，则成为平绒地毯，也称为割绒地毯或切绒地毯。

圈绒地毯绒毛高度一般为 5～10mm，平绒地毯毛的高度为 7～10mm。绒毛纤维密度大，因而弹性好，脚感舒适，在地毯上又可印染各种图案花纹。

11.2.3　墙面装饰织物

1. 无纺贴墙布

无纺贴墙布是有用棉、麻等天然纤维或涤纶、腈纶等合成纤维，经过无纺成形、上树脂、印花等工序而制成的一种新型贴墙材料。按所用原料不同，无纺贴墙布可分为棉、麻、涤纶、腈纶等，均有多种花色图案。

2. 棉纺装饰墙布

棉纺装饰墙布是将纯棉平布经过处理、印花、涂层制作而成。这种墙布的特点是强度大、静电弱、蠕变性小、无反光、吸声、花形繁多、色泽美观大方；尤其是具有无毒、无味的优良性能，使其具有广泛的适用性。一般常用于宾馆、饭店、公共建筑及较高级的民用住宅的装修。

3. 织物壁纸

织物壁纸是以棉、麻、丝、毛等纤维织物面料制成的。用这类壁纸装饰的环境，能给人以典雅、高档及柔和感，如用于卧室则使人有一种温暖感，有较好的透气性，但一般价格较贵，裱糊技术要求高，防污和防火性较差，不易进行清洗。织物壁纸主要有纸基织物壁纸和麻草壁纸两种。

11.3　装饰织物的应用

11.3.1　卷材地毯铺设

1. 地面处理

地毯一般铺设在木板地面或水泥地面上，要求地面平整，如有凹坑必须用腻子填平，并用砂纸打平，然后用清水清洗干净，晾干待用。

2. 铺设方法

1）不固定式。将地毯裁剪粘贴拼缝成整块直接铺摊在地面上，不与地面粘接，靠墙周边修齐即可。这种方式主要适用于经常要卷起的地毯或上面无重物的房间地面。

2）固定式。将地毯裁剪粘贴拼缝成整块，四周靠墙处与地面固定。固定方法主要有两种，一是用粘结剂或双面胶带纸将地毯背面的四周与地面粘结，二是在房间四周地面上设置带有朝天钉的倒刺板，将地毯背面固定在倒刺板的钉子上。倒刺板可自制，做法是用三夹板锯成2cm宽、10cm长的长方形，用1.2cm长的钉在板上面钉一些朝天钉（作钩扣地毯用），再用强力胶粘在距踢脚板约1cm的地面上，也可以用高强度水泥钉直接钉入水泥地中。

根据需要，地毯下也可先铺设垫层，垫层应小于地面四周4cm。

3. 拼缝方法

1）用针线把两块地毯的底面连接起来。

2）胶粘剂连接。胶带纸上的胶应先加热熔化后再粘贴，粘贴时先把胶纸放在地毯的接缝处，一人拿熨斗在纸面上熔胶，另一人把地毯压在刚熔热的胶纸上。

3）地毯接口图案应连贯，色泽一致，接缝处应隐蔽而不显露。

4. 操作顺序

1）按房间的尺寸裁剪地毯，每段地毯的长度要比房间的长度长约5cm，宽度以截去地毯边缘线的尺寸计算，并首先将地毯试铺定位。裁剪毯料时，要使接口地毯的毛织方向一致，避免产生阴阳面。

2）把裁剪好的地毯铺在地上，先固定某一边，然后用张紧器拉紧地毯，再用上述拼缝方法拼缝。地毯在铺设过程中，应注意使地毯的毛织方向与主光线照射方向一致，以减少行走时在地毯上留下的逆毛痕而造成被光线照射出杂乱不堪的视觉效果。

3）用扁铲将靠墙边的地毯打入钉在倒刺板上的朝天钉上加以固定，然后用压条封口，最后用吸尘器清洁地毯上的灰尘。为防止地毯被踢起，门口处常加一弧形压条，压条内有倒钩可扣牢地毯。地毯固定方法如图11-2所示。

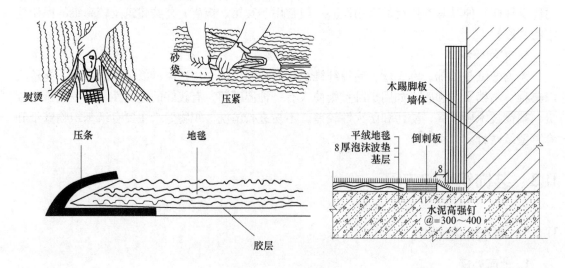

图11-2　地毯固定方法

5. 保养维护

1）及时清理。应用吸尘器对地毯进行经常清理，不要等到大量污渍及污垢渗入地毯纤维后再清理。

2）均匀使用。地毯铺设使用若干年后，最好调换一下位置，使磨损均匀。若发现有些地方凸凹不平时要轻轻拍打，或者用蒸汽熨斗轻轻熨一下。

3）去污水法。地毯上落上污渍、油脂要尽快清洗，但不要用沸水、肥皂水或碱水洗刷。如茶水或咖啡倾倒在地毯上，可适当加些温清水，用干净毛巾将水分吸干，再设法尽快将地毯晾干，但切忌阳光暴晒，以免褪色。若不小心，地毯烧了焦痕，轻度的可用硬毛刷子将烧痕部分的毛刷掉，严重时可在边角外剪下些地毯绒毛，用胶粘剂将它粘在烧焦处，然后在上面压一本书，等胶干后，再行梳理即可。

4）清除异物。地毯上落下些绒毛、纸屑等质量轻的物质，用吸尘器就可以清除干净。若在地毯上掉下碎玻璃，可用胶带纸将碎玻璃粘起。如呈粉末状，则可用棉花蘸水沾起，或撒点米饭粒将其粘住扫起，再用吸尘器吸干净。

11.3.2　墙布裱糊

1）清扫基层、填补缝隙。基层必须干净、平整、光滑。
2）均匀涂刷防潮涂料，不宜太厚。
3）涂刷底胶，以保证墙布的粘结度。
4）墙面弹垂直线和水平线，以保证墙布横平竖直、拼图正确。
5）基层涂刷粘结剂。
6）裱糊墙布（墙布遇水无伸缩，无需润水，背面也不需刷胶粘剂），先对图案后拼缝，上下图案要吻合。
7）粘贴后，及时赶压墙布胶粘剂，不能留有气泡，挤出的胶要及时擦净。

小　　结

1. 装饰织物的类型主要包括贴墙类、铺地类、窗帘类、床上用品类、家具披覆类、餐厨用品类、装饰艺术品类、浴室用品类等。
2. 装饰织物的主要品种包括窗帘、地毯、墙面装饰织物等。
3. 装饰织物的应用方式包括卷材地毯铺设和墙布裱糊。

思　考　题

11-1　装饰织物有哪些类型？
11-2　窗帘的作用是什么？
11-3　按制作工艺方式的不同对地毯进行分类。
11-4　怎样保养维护地毯？

实训练习题

11-1　画出现代装饰窗帘的主要形式图。
11-2　现场观察地毯铺设的过程，并列出铺设程序。

第 12 章　水泥与应用

学习目标： 通过本章内容的学习，了解水泥（砂浆）的组成，熟悉常用的水泥（砂浆）的品种类型，掌握水泥（砂浆）的应用方式和质量标准，提高对水泥（砂浆）在建筑装饰装修中的设计应用能力。

水泥不仅是主要的建筑结构材料，也是重要的建筑装饰装修材料，墙面抹灰、铺设石材和粘贴陶瓷砖等都需要水泥或水泥与砂子等组成的砂浆作为粘结材料。

12.1　水泥的组成

水泥是一种粉末状物质，它与适量水拌和成塑性浆体后，经过一系列物理化学作用能变成坚硬的水泥石，水泥浆体不但能在空气中硬化，还能在水中硬化，故属于水硬性胶凝材料。水泥、砂子、石子加水胶结成整体，就成为坚硬的人造石材（混凝土），再加入钢筋，就成为钢筋混凝土。

12.2　水泥的品种

水泥的品种很多，按水泥熟料矿物一般可分为硅酸盐类、铝酸盐类和硫铝酸盐类。在建筑工程中应用最广的是硅酸盐类水泥，常用的水泥品种有硅酸盐水泥、普通硅酸盐水泥、矿渣硅酸盐水泥、火山灰质硅酸盐水泥和粉煤灰硅酸盐水泥等。此外还有一些具有特殊性能的特种水泥，如快硬硅酸盐水泥、白色硅酸盐水泥与彩色硅酸盐水泥、铝酸盐水泥、膨胀水泥、特快硬水泥等。

建筑装饰装修工程主要用的水泥品种是硅酸盐水泥、普通硅酸盐水泥、白色硅酸盐水泥。

12.2.1　硅酸盐水泥

1. 矿物组成

硅酸盐水泥是由硅酸盐水泥熟料、0%～5%石灰石或粒化高炉矿渣、适量石膏磨细制成的水硬性胶凝材料。不掺加石灰石或粒化高炉矿渣的称Ⅰ型硅酸盐水泥；在硅酸盐水泥熟料粉磨时掺加不超过水泥重量5%的石灰石或粒化高炉矿渣混合材料的称Ⅱ型硅酸盐水泥，代号分别为 P·Ⅰ 和 P·Ⅱ。

所谓硅酸盐水泥熟料，是指以适当成分的生料烧至部分熔融，所得以硅酸钙为主要成分的产物，简称熟料。硅酸盐水泥主要原料是石灰质（石灰岩等）和黏土质两大类。

2. 凝结和硬化

水泥加水拌和后，最初形成具有可塑性的浆体，然后逐渐变稠失去可塑性，这一过程称为凝结。此后，强度逐渐提高，并变成坚硬的石状物体——水泥石，这一过程称为硬化。

水泥的凝结和硬化，除了与水泥的矿物组成有关外，还与水泥的细度、拌和水量、硬化环境和硬化时间有关。水泥颗粒细，水化快，凝结和硬化就快；拌和水量多，水化后形成的胶体稀，水泥的凝结和硬化也慢；温度高时，水泥的水化作用加速，水泥的凝结和硬化速度就加快；温度低时，水泥的水化作用就减慢，水泥的凝结和硬化也慢；当温度低于0℃时水化作用基本停止。因此，在冬期施工时，需采取保温措施。水泥的强度是在潮湿的环境中不断增长的，若处于干燥的环境，当水分蒸发完毕后，水化作用就无法继续进行，水泥硬化就停止，强度也不再增长，所以混凝土工程在浇筑后2～3周时间内必须注意进行洒水养护。水泥的强度随着硬化时间而增长，一般在3～7d内强度增长最快，在28d内强度增长较快，以后渐慢，但持续时间很长。

12.2.2　普通硅酸盐水泥

由硅酸盐水泥熟料、6%～15%混合材料、适量石膏磨细制成的水硬性胶凝材料称为普通硅酸盐水泥（又称普通水泥），代号为P·O。

普通硅酸盐水泥与硅酸盐水泥的主要区别在于其含有少量的混合材料，而大部分仍是硅酸盐水泥熟料，故基本性质相同，但由于掺入少量的混合材料，某些性能又有些差异。普通硅酸盐水泥早期硬化速度较慢，3d、7d的抗压强度较硅酸盐水泥稍低，抗冻、耐磨性能也稍差。

12.2.3　白色硅酸盐水泥

白色硅酸盐水泥又称白水泥。它与硅酸盐水泥的主要区别是其氧化铁含量很少，因而色白。水泥成分中氧化铁含量在3%～4%时熟料呈暗灰色（硅酸盐水泥熟料的特征），在0.45%～0.7%时带淡绿色，在0.35%～0.4%时略带淡绿，接近白色（表12-1）。因此，生产白色硅酸盐水泥的主要特点是降低氧化铁的含量。白色硅酸盐水泥加入以氧化铁为基础的其他各色颜料，可制成彩色水泥。

在建筑装饰装修工程中，常采用白水泥和彩色水泥配置成水泥色浆或水泥砂浆，用于饰面刷浆或石材、陶瓷制品铺贴的勾缝处理。用白水泥和彩色水泥为胶凝材料，加入各种大理石、花岗石碎屑，可制成各种颜色的人造大理石制品。

表 12-1　白色硅酸盐水泥的白度

等级	特级	一级	二级	三级
白度（%）	86	84	80	75

12.3　水泥的强度

水泥强度是水泥性能的重要指标，也是评定水泥强度等级的依据，按照国家标准，将水泥和砂按1:2.5的比例混合，加入规定数量的水，按规定方法制成标准尺寸的试件，在标准条件下养护后进行抗折、抗压强度试验而得。硅酸盐水泥和普通硅酸盐水泥的强度见表12-2。

表 12-2　硅酸盐水泥和普通硅酸盐水泥的强度

品　　种	强度等级	抗压强度/MPa		抗折强度/MPa	
		3d	28d	3d	28d
硅酸盐水泥	42.5	17.0	42.5	3.5	6.5
	42.5R	22.0	42.5	4.0	6.5
	52.5	23.0	52.5	4.0	7.0
	52.5R	27.0	52.5	5.0	7.0
	62.5	28.0	62.5	5.0	8.0
	62.5R	32.5	62.5	5.5	8.0
普通硅酸盐水泥	42.5	17.0	42.5	3.5	6.5
	42.5R	22.0	42.5	4.0	6.5
	52.5	23.0	52.5	4.0	7.0
	52.5R	27.0	52.5	5.0	7.0

注：R代表早强型水泥。

12.4　水泥的应用

水泥作为饰面材料还需与砂子、石灰（另掺加一定比例的水）等按配合比经混合拌和组成水泥砂浆或水泥混合砂浆（总称抹面砂浆），抹面砂浆包括一般抹灰和装饰抹灰。砂浆抹灰操作如图12-1所示。

12.4.1　一般抹灰

以水泥为主要凝结材料的一般抹灰主要是指用水泥砂浆或水泥混合砂浆对建筑物内、外墙面抹灰，一般抹灰除了采用手工操作外，还可以采用机械喷涂抹灰。用水泥砂浆或水泥混合砂浆抹灰的建筑部位为：

1）外墙面门窗洞口的外侧壁、檐口、勒脚、压顶等。

2）湿度较大的房间墙面。

3）混凝土板和墙的底层抹灰。

4）硅酸盐砌块、加气混凝土块和板的底层抹灰采用水泥混合砂浆。

5）金属网顶棚和墙的底层及中层抹灰则应另采用麻刀石灰砂浆或纸筋石灰砂浆。

水泥砂浆配合比材料用量见表12-3。水泥混合砂浆配合比材料用量见表12-4。

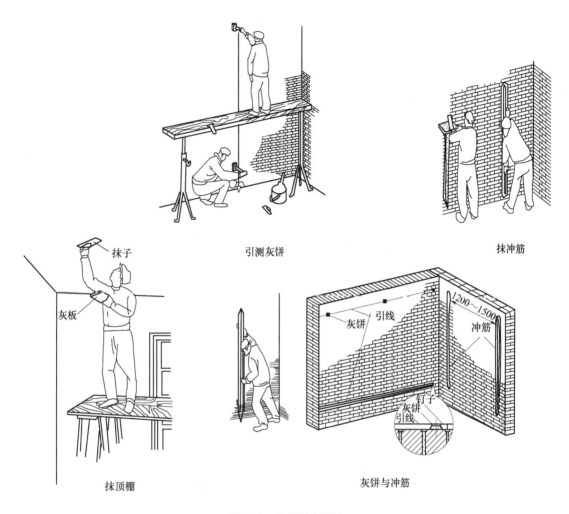

引测灰饼

抹冲筋

抹子

灰板

抹顶棚

灰饼与冲筋

图 12-1　砂浆抹灰操作

表 12-3　每 m³ 水泥砂浆配合比材料用量表

材料　数量＼配合比	1:1	1:1.5	1:2	1:2.5	1:3	1:4
42.5 级水泥/kg	638	534	462	393	339	295
黄砂（净砂）/kg	824	1037	1198	1275	1318	1538
水/kg	300	300	300	300	300	300

注：配合比为 32.5 级水泥与净干砂的体积比。

表 12-4　每 m³ 水泥混合砂浆配合比材料用量表

材料　数量＼配合比	1:0.5:0.5	1:0.5:1	1:0.5:2	1:0.5:2.5	1:0.5:3
42.5 级水泥/kg	672	485	377	345	309
石灰膏/kg	399	289	149	205	184
黄砂（净砂）/kg	484	703	1150	1254	1349
水/kg	550	550	550	550	550

注：配合比为 32.5 级水泥、生石灰、净干砂的体积比。

12.4.2 装饰抹灰

装饰抹灰是指以水泥为主要凝结材料，并加入砂子、石子、颜料等对建筑物内、外墙面的抹面，并经人工进行表面处理，形成如水刷石、斩假石、干粘石、假面砖、拉条灰、洒毛灰等装饰效果的做法。

12.4.3 抹灰应用质量标准

1. 基本要求

平顶及墙面的抹灰砂浆应洁净、接槎平顺、线角顺直、粘结牢固，无空鼓、脱层、爆灰和裂纹等缺陷。抹灰应分层进行，当抹灰总厚度超过25mm时应采取加强措施。不同材料基体交接处表面抹灰宜采取防止开裂的加强措施，当采用加强网时，其搭接宽度应不小于100mm。

2. 质量标准及检验方法

抹灰砂浆的表面质量可以用目测和手感检查，是否产生空鼓现象可用小锤轻轻敲击听声音来确定。一般抹灰的允许偏差和检验方法见表12-5。装饰抹灰的允许偏差和检验方法见表12-6。

表12-5 一般抹灰的允许偏差和检验方法

项次	项　目	允许偏差/mm		检 验 方 法
		普通抹灰	高级抹灰	
1	立面垂直度	4	3	用2m垂直检测尺检查
2	表面平整度	4	3	用2m靠尺和塞尺检查
3	阴阳角方正	4	3	用直角检测尺检查
4	分格条（缝）直线度	4	3	拉5m线，不足5m拉通线，用钢直尺检查
5	墙裙、勒脚上口直线度	4	3	拉5m线，不足5m拉通线，用钢直尺检查

表12-6 装饰抹灰的允许偏差和检验方法

项次	项　目	允许偏差/mm				检 验 方 法
		水刷石	斩假石	干粘石	假面砖	
1	立面垂直度	5	4	5	5	用2m垂直检测尺检查
2	表面平整度	3	3	5	4	用2m靠尺和塞尺检查
3	阳角方正	3	3	4	4	用直角检测尺检查
4	分格条（缝）直线度	3	3	3	3	拉5m线，不足5m拉通线，用钢直尺检查
5	墙裙、勒脚上口直线度	3	3	—	—	拉5m线，不足5m拉通线，用钢直尺检查

小　　结

1. 水泥是一种粉末状物质，它与适量水拌和成塑性浆体后，经过一系列物理化学作用能变成坚硬的水泥石，水泥浆体不但能在空气中硬化，还能在水中硬化，故属于水硬性胶凝材料。

2. 水泥的主要品种包括硅酸盐水泥、普通硅酸盐水泥和白色硅酸盐水泥。

3. 水泥可用于一般抹灰和装饰抹灰中。

4. 水泥的表面质量可用目测和手感检查，是否产生空鼓现象可用小锤轻轻敲击听声音来确定。

思 考 题

12-1 建筑装饰装修常用哪些水泥品种？

12-2 白水泥在建筑装饰装修中的应用范围是什么？

12-3 怎样测定水泥强度？

实训练习题

12-1 现场观察墙面水泥砂浆抹灰的过程，并列出抹灰程序。

12-2 利用检测工具对墙面水泥砂浆进行质量检验。

附录　装饰装修常用机具

现代装饰装修材料应用的手段已经用轻便的专用机械工具代替了传统的手工操作方式，这样既减轻劳动强度、提高工作效率、加快操作进度，又保证工程质量。装饰装修专用机械工具的主要特点是体积小、重量轻、便于携带、运用灵活、操作方便，其工效与手工操作相比，具有明显的优势。

1. 电动曲线锯

电动曲线锯（附图1）是型材加工、管线布置、设备安装以及制作装饰图案、广告牌等应用普遍的一种机具，其主要特点是可以更换不同的锯条，在金属、木材、塑料、橡胶、皮革等材料的板材上进行曲线和直线锯割。一般粗齿锯条适用于锯割木材；中齿锯条适用于锯割有色金属板、压层板；细齿锯条适用于锯割钢板。至于锯割的厚度，因曲线锯功率或被切割材质的不同而有所不同。

电动曲线锯由电动机、往复机构、风扇、机壳、开关、锯条等组成。

2. 电剪刀

电剪刀（附图2）是可以在各类金属（钢板、镀锌铁皮等）薄板、塑料板、橡胶板等上按实际需要剪裁出各种曲线形状的电动工具，具有使用安全、操作方便等特点。

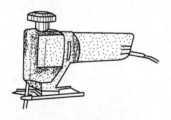
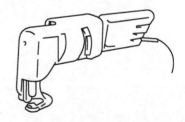

附图1　电动曲线锯　　　　　　　　　　　　　附图2　电剪刀

电剪刀由单相串激直流两用电动机、偏心齿轮、外壳、刀杆、刀架、上下刀头等零件组成。

3. 型材切割机

型材切割机（附图3）是主要用于切割金属型材的高效率电动工具。它根据砂轮磨削原理，利用高速旋转的薄片砂轮来切割圆形钢管、异形钢管、角钢以及槽钢等各种型材，也可用于切割饰面砖，普通黏土砖、石材等，但效率不高，且操作危险性较大。将砂轮换成合金锯片时，可用于切割木材、硬质塑料及铝合金型材。新型材切割机，其台座是可以转动的，并刻有角度分度值，可以对铝合金型材进行各种不同角度的切割，施工安装极为方便。

型材切割机由切割动力头、可转夹钳、驱动电动机、机座等组成。

4. 电刨

电刨（附图4）是刨削木材表面的专用工具，使用电刨不仅减轻了劳动强度，而且质量也能得到保证。现场用得较多的是手提式电刨，其操作灵活，不受场地、部件的限制。如果大批量刨削木板，也可用小型台式电刨，安装与操作也比较简单。

附图3 型材切割机

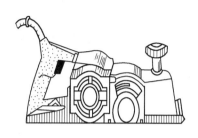

附图4 电刨

手提式电刨由电动机、刨刀、刨刀调整装置和护板等组成。

5. 电锤

电锤（附图5）在装饰装修工程中可用于在砖、石、混凝土等结构上打孔、开槽，在铝合金门窗、金属吊顶、设备、石材等安装工程中可钻孔，埋置膨胀螺栓。

电锤的特点是利用特殊的机械装置将电动机的旋转运动变为冲击运动，或冲击带旋转运动。按其冲击旋转的形式，可分为动能冲击锤、弹簧冲击锤、弹簧气垫锤、冲击旋转锤、曲柄连杆气垫锤、电磁锤等不同的类型。

电锤由交直流两用或单相串激式电动机、传动系统、曲轴连杆、活塞及壳体等部分组成，具有冲击和旋转两种功能。

6. 冲击电钻

冲击电钻（附图6）是旋转带冲击的特种电钻。当把控制旋钮调到纯旋转位置时，装上钻头，则与普通电钻一样，如果把旋钮调到冲击位置，装上镶硬质合金冲击钻头，就可以对混凝土、砖墙等进行钻孔。如目前常用的膨胀螺栓，就是先用冲击钻钻孔，然后放入膨胀螺栓。

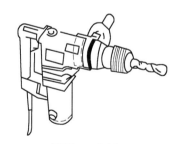

附图5 电锤

附图6 冲击电钻

冲击电钻由单相串激式电动机、传动机构、旋冲调节机构及壳体等组成。

7. 射钉枪

射钉枪（附图7）是一种直接完成紧固技术的工具，它的主要原理是利用射钉枪击发射钉弹，使火药燃烧释放出能量，用射钉把面层材料固定在砖墙、混凝土、金属等基层上，其主要特点是操作快速、可靠安全。

射钉枪主要由活塞、钉管、护罩、击针、击针弹簧、扳机及其他部件组成。

8. 打钉机（气钉枪）

打钉机（附图8）的动力有电动和气动两种。电动打钉机接上电源就可操作；气动打钉

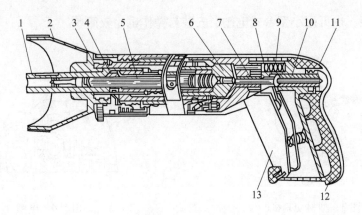

附图7 射钉枪

1—钉管 2—护罩 3—机头外壳 4—制动环 5—活塞 6—弹膛组件
7—击钉 8—击钉回簧 9—挡板 10—击针簧 11—端帽 12—枪尾体外套 13—扳机

机主要是利用压缩空气冲击缸中的活塞，实现往复运动，推动活塞杆上的冲击片，冲击落入钉槽中的钉子钉入构件中去。打钉机主要适用于木龙骨上钉各种胶合板、纤维板、石膏板、刨花板及各种线条等。

打钉机主要由气缸、控制元件、枪机部件等组成。

9. 混凝土钻孔机

混凝土钻孔机（附图9）是用空心钻头直接对混凝土墙面、地面钻孔的机械工具，钻孔位置精确，孔壁光滑，振动小，不仅大大减轻了人工操作的劳动强度，而且对孔壁周围的混凝土或钢筋混凝土结构无伤害，是建筑装饰装修工程施工的理想机具。

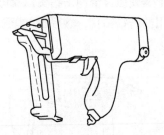

附图8 打钉机

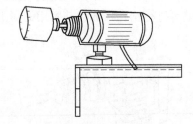

附图9 混凝土钻孔机

混凝土钻孔机由电动机、钻头、底座和机身等组成，可以更换不同直径的钻头以钻出不同直径的孔。

10. 电动角向磨光机

电动角向磨光机（附图10）是对金属、石材等较硬构件表面进行磨光，去毛刺及除锈的常用机具。该机可配用粗磨砂轮、细磨砂轮、切割砂轮、抛光轮、橡皮轮等，应用面广泛。

电动角向磨光机由电动机、传动机构、磨头和防护罩等组成。

11. 电动磨石机

电动磨石机是一种轻便的地面磨石工具，适合于对以水泥、砂子、石子等材料混合基体进行表面磨平（即水磨石）磨光。使

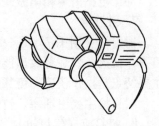

附图10 电动角向磨光机

用它不仅可以减轻劳动强度,加快施工速度,而且又使整体面层具有较好的装饰效果。电动磨石机有多种不同的形式,圆盘磨石机(附图11a)适用于大面积的水磨石地面的磨平、磨光;手提式磨石机(附图11b)则适用于楼梯踏步、踢脚等一些地块狭窄、形状复杂的部位。

圆盘磨石机由驱动电动机、减速机构、转盘和机架等组成。

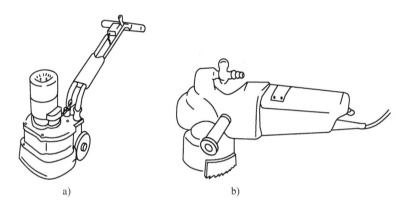

a)   b)

附图11　电动磨石机
a)圆盘磨石机　b)手提式磨石机

12. 电动打蜡机

电动打蜡机(附图12)主要适用于木地板、石材的表面打蜡。地板打蜡分三遍进行,首先是去除地板污垢,用拖布擦洗干净,干透;接着上一遍蜡,用抹布把蜡均匀涂在地板上,并让其吃透;稍干后,用打蜡机来回擦拭,直至蜡涂后均匀、光亮。

电动打蜡机由电动机、圆盘棕刷(或其他材料)、机壳等部分组成。工作开关安装在执手柄上,使用时以把手的倾、抬来调节转动方向。

13. 木地板刨平机、磨光机

木地板刨平机(附图13)主要是为了保证已安装的木地板表面达到平整而对其表面进行粗加工的机具,而刨平后的木地板表面精磨另由木地板磨光机(附图14)完成。

附图12　电动打蜡机

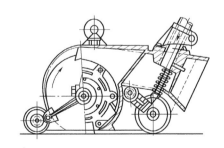

附图13　木地板刨平机

附图14　木地板磨光机

木地板刨平机和磨光机分别由电动机、刨刀辊筒、磨削辊筒、刨刀、机架等部分组成。

木地板刨平一般分两次进行，即顺刨和横刨。第一次刨削厚度2~3mm，第二次刨削为0.5~1mm左右。木地板磨光机操作时要平稳，速度均匀。高级硬木地板磨光时，先用带粗砂纸的磨光机打磨，后用较细的砂纸磨削，最后用盘式磨光机研磨，机械难以磨削的作业面，应使用手提式磨光机进行打磨。

参 考 文 献

［1］华中理工大学等五校．建筑材料［M］．北京：中国建筑工业出版社，2003．

［2］李国华．建筑装饰材料［M］．北京：中国建材工业出版社，2004．

［3］李继业，王安，任淑霞．建筑装饰材料［M］．北京：科学出版社，2002．

［4］韩建新，刘广洁．建筑装饰构造［M］．北京：中国建筑工业出版社，2004．

［5］房志勇，林川．建筑装饰［M］．北京：中国建筑工业出版社，1992．

［6］蔡行来，罗长芳，曲华民．石材大全［M］．长春：吉林科学技术出版社，2004．

［7］刘念华，王启田，张海梅，等．建筑装饰施工技术［M］．北京：科学出版社，2002．

［8］孙倜，张明正．建筑装饰实际操作［M］．北京：中国建筑工业出版社，2000．

［9］俞磊．居室装修600问［M］．杭州：浙江科学技术出版社，2003．

［10］乐嘉龙，杨重楠．简明建筑装饰工程手册［M］．北京：中国建材工业出版社，2005．

［11］张绮曼，郑曙旸．室内设计资料集［M］．北京：中国建筑工业出版社，1991．